高等学校材料科学与工程类专业"十二五"规划教材

金属材料学实验

主　编　张皖菊　李殿凯

副主编　丁晓丽　庞　刚

　　　　杨　磊　张义伟

U0295643

合肥工业大学出版社

内容提要

本书为高等院校金属材料工程专业实验课程的教材。本书对金属学、钢的热处理、金属材料学、金属力学性能、金属物理性能、X射线衍射和电子显微分析等专业课的课程实验进行了归纳和整合,在介绍基本实验技能、金相组织分析、产品质量检验、热处理工艺制定及仪器仪表的构造和使用等实验内容的基础上,还增加了一些综合性、设计性、高科技设备演示性的实验项目,特别是介绍了美国的大型热/力模拟设备(Gleebl-3500)以及最新的图像分析仪的工作原理、设备构造和使用方法。

本书根据最新的国家标准进行编写。书中内容丰富翔实,并配有众多的图表、金相照片等。另外,本书还提供与之配套的多媒体教学课件,方便教学。

图书在版编目(CIP)数据

金属材料学实验/张皖菊,李殿凯主编 . —合肥:合肥工业大学出版社,2013.8(2020.9 重印)
ISBN 978 - 7 - 5650 - 1443 - 7

Ⅰ.①金…　Ⅱ.①张…②李…　Ⅲ.①金属材料—实验—高等学校—教材
Ⅳ.①TG14 - 33

中国版本图书馆 CIP 数据核字(2013)第 182475 号

金属材料学实验

张皖菊　李殿凯　主编　　　　　责任编辑　汤礼广

出　版	合肥工业大学出版社	版　次	2013 年 8 月第 1 版
地　址	合肥市屯溪路 193 号	印　次	2020 年 9 月第 2 次印刷
邮　编	230009	开　本	787 毫米×1092 毫米　1/16
电　话	理工编辑部:0551 - 62903087	印　张	16
	市场营销部:0551 - 62903163	字　数	355 千字
网　址	www.hfutpress.com.cn	印　刷	安徽联众印刷有限公司
E-mail	hfutpress@163.com	发　行	全国新华书店

ISBN 978 - 7 - 5650 - 1443 - 7　　　　　　定价:34.00 元

前　言

　　本书是金属材料工程专业实验课程（独立设课）的教材。本书对金属学、钢的热处理、金属材料学、金属力学性能、金属物理性能、X射线衍射和电子显微分析等专业课的实验进行了认真归纳和整合，较为系统地介绍了本专业的基本实验原理和实验方法。本书除了介绍基本实验技能、金相组织分析、产品质量检验、热处理工艺制定及仪器仪表的构造和使用等实验内容外，还增加了一些综合性、设计性、高科技设备演示性实验项目，特别是介绍了美国的大型热/力模拟设备（Gleebl－3500）以及最新的图像分析仪的工作原理、设备构造和使用方法。编写本书的目的就是让学生加强专业基本实验技能训练，巩固专业课程所学知识，加强对材料成分、工艺组织、结构性能之间规律的掌握，了解材料科学研究的方法和程序，培养综合运用知识进行分析问题和解决问题的能力。

　　本书根据最新的国家标准进行编写，内容丰富翔实，图文并茂，并配有众多的图表、金相照片等。与本书配套的多媒体教学课件，色彩鲜明、生动活泼、实践性强，深受学生欢迎。本书中所有用来观察的金相样品，除了标准样品外，均大量来源于各研究所和工厂的实样（实样还在不断补充中），尽量做到理论与实际生产紧密结合，其中绝大部分的金相照片是作者亲自拍摄的。在第一部分实验教学内容中，还设计了一个较多学时的大型综合性、设计性实验（实验二十二）。这个实验要求学生在老师的精心指导下，根据所学知识查阅有关资料文献，分组独立完成拟定实验项目、设计实验内容、制订实验方案、完成实验操作、数据整理、分析结果等，并要求撰写出准论文形式的实验报告。这对于调动学生的学习积极性以及让学生勇于实践、敢于开拓创新、全面提高其专业基本技能和综合素质均有较大的帮助。

　　本书共分为四部分：金属材料学基础实验（共22个实验）；金属力学性能实验（共5个实验）；金属物理性能实验（共3个实验）；电子显微分析实验（共6个实验）。

　　"金属材料学基础实验"的主要内容有：金相基本技能实验、热处理工艺制定与操作及组织观察与分析实验、综合性实验。其中实验四、实验十八、实验十九由丁晓丽编写；实验九、实验十三、实验十六由庞刚编写；实验十一、实验十二、实验二十由杨磊编写；实验二十一由张义伟编写；其余由张皖菊编写。

　　"金属力学性能实验"主要内容有：拉伸、冲击、硬度、断裂韧性等，在此基础上还设了一个综合性实验。这部分内容由张皖菊编写。

　　"金属物理性能实验"主要内容有：用双臂电桥测金属的电阻、用悬丝耦合共振法测金属的弹性模量和内耗等。这部分内容由丁晓丽编写。

　　"电子显微分析实验"主要内容有：X 射线衍射分析和透射电镜与扫描电镜电子背反射衍射等的构造、原理及分析方法等。这部分内容由李殿凯编写。

　　本书由张皖菊、李殿凯担任主编，全书由张皖菊统稿。

　　在安徽工业大学材料科学与工程学院实验中心工作 30 余年、现已退休的吴慧英老师也为本书的编写工作做出了重要贡献，在此对她表示衷心的感谢。

　　在教学过程中，若需要与之配套的教学课件，请通过电子邮箱 zwju@ahut. edu. cn 与作者进行联系。

　　由于编者水平有限，书中难免存在不足之处，恳请读者批评指正。

作　者

目　录

第一部分　金属材料学基础实验

第二部分　金属力学性能实验

第三部分　金属物理性能实验

第四部分　电子显微分析实验

第一部分
金属材料学基础实验

实验一　金相显微镜的构造与使用

【实验目的】

(1)了解金相显微镜的构造。

(2)掌握金相显微镜的使用方法。

【实验说明】

1. 金相显微镜的构造

光学金相显微镜的构造一般包括放大系统、光路系统和机械系统三部分,其中放大系统是显微镜的关键部分。

(1)放大系统

1)显微镜的放大成像原理

显微镜的基本放大原理如图 1-1 所示。其放大作用主要由焦距很短的物镜和焦距较长的目镜来完成。为了减少像差,显微镜的目镜和物镜都是由透镜组构成的复杂的光学系统,其中物镜的构造尤为复杂。为了便于说明,图中的物镜和目镜都简化为单透镜。物体 AB 位于物镜的前焦点外但很靠近焦点的位置上,经过物镜形成一个倒立的放大实像 $A'B'$,这个像位于目镜的物方焦距内但很靠近焦点的位置上,作为目镜的物体。目镜将物镜放大的实像再放大成虚像 $A''B''$,位于观察者的明视距离(距人眼250毫米)处,供眼睛观察,在视网膜上最终得到实像 $A'''B'''$。

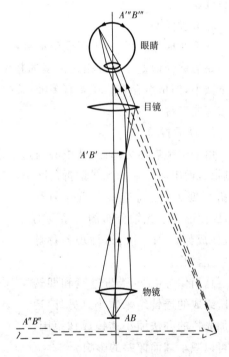

图 1-1　显微镜的成像原理图

由图 1-1 可知:

物镜的放大倍数

$$M_物 = \frac{A'B'}{AB}$$

目镜的放大倍数

$$M_目 = \frac{A''B''}{A'B'}$$

将两式相乘：

$$M_{物} \times M_{目} = \frac{A'B'}{AB} \times \frac{A''B''}{A'B'} = \frac{A''B''}{AB} = M$$

说明显微镜的总放大倍数 M 等于物镜的放大倍数和目镜的放大倍数的乘积。目前普通光学金相显微镜最高有效放大倍数为 1600～2000 倍。

另外，根据几何光学原理得物镜的放大倍数：

$$M_{物} = \frac{\Delta}{f_{物}}$$

式中：Δ——光学镜筒长度；

$f_{物}$——物镜焦距。

因光学镜筒长度为定值，所以物镜放大倍数越高，物镜的焦距就越短，物镜离物体也就越近。

2）透镜像差

透镜在成像过程中，由于受到本身物理条件的限制，会使映像变形和模糊不清，这种像的缺陷称为像差。在金相显微镜的物镜、目镜以及光路系统设计制造中，虽然将像差尽量减小，但依然存在。像差有多种，其中对成像质量影响最大的是球面像差、色像差和像域弯曲三种。

① 球面像差

由于透镜表面为球面，其中心与边缘厚度不同，因而来自一点的单色光经过透镜折射后，靠近中心部分的光线偏折角度小，在离透镜较远的位置聚焦；而靠近边缘处的光线偏折角度大，在离透镜较近位置聚焦，因而形成沿光轴分布的一系列的像，使成像模糊不清，这种现象称球面像差，如图 1-2 所示。

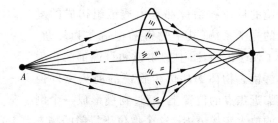

图 1-2　球面像差示意图

球面像差主要靠凸透镜和凹透镜所组成的透镜组来减小。另外，通过加光栏的办法缩小透镜成像范围，也可以减小球面像差的影响。

② 色像差

色像差与光波波长有密切关系。当白色光中不同波长的光线通过透镜时，因其折射角不同而引起像差。波长越短，折射率越大其焦点越近；波长越长，折射率越小，则焦点越远。因而，不同波长的光线不能在一点聚焦，否则会使映像模糊，或在视场边缘上见到彩色环带，这种现象称为色像差，如图 1-3 所示。

色像差可以靠透镜组来减

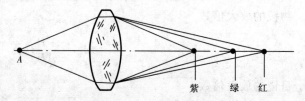

紫　绿　红

图 1-3　色像差示意图

小影响,在光路中加滤色片,使白色光变成单色光,也能有效地减小色像差。

③ 像域弯曲

垂直于光轴的平面,通过透镜所成的像不是平面,而是凹形的弯曲像面,这种现象叫做像域弯曲,如图1-4所示。

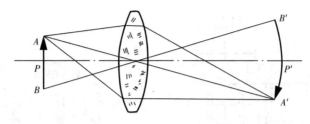

图1-4　像域弯曲示意图

像域弯曲是由于各种像差综合作用的结果,一般物镜都或多或少的存在,只有校正极佳的物镜才能获得趋近平坦的像域。

3)物镜

显微镜观察到的像是经物镜和目镜两次放大后所得到虚像,其中目镜仅起到将物镜放大的实像再次放大的作用。因此,显微镜成像的质量关键在于物镜。

① 物镜的种类

按像差校正分类,常用物镜的种类如表1-1所示。其中消色差物镜结构简单、价格低廉、像差基本上予以校正,故普通小型金相显微镜多采用这种物镜。

表1-1　几种常用物镜

物镜名称	标志	对象域中心的校正		对视场边缘的校正
		色像差	球面像差	
消色差物镜	无标志	红绿两波区	黄绿两波区	未校正
复消色差物镜	APO	可见光全波区	绿紫两波区	未校正
平场消色差物镜	PL 或 Llan	红绿两波区	黄绿两波区	已校正

按物体表面与物镜间的介质分类,有介质为空气的干系物镜和介质为油的油系物镜。

按放大倍数分类,可以分为低倍、中倍和高倍物镜。无论哪种物镜都是由多片透镜组合而成的。

② 物镜上的标志

按国际标准规定,物镜的放大倍数和数值孔径标在镜筒中央清晰位置,并以斜线分开,例如 $45\times/0.63$、$90\times/1.30$ 等;表示镜筒长度的字样或者符号以及有无盖玻片标在放大倍数和数值孔径的下方,并以斜线分开,例如 $160/—$、$\infty/0$ 等;表示干系或者油系的字样,标在放大倍数和数值孔径的上方或其他合适的地方。

③ 镜筒长度

光学镜筒长度 Δ 是指物镜后焦点与目镜前焦点的距离。因为该值与显微镜的放大倍数直接相关,因此在设计时已经确定。为确保该值准确,物镜、目镜的焦距以及机械镜筒长度都有严格的公差范围。

根据物镜像距的不同,又将显微镜分为两种:一种为物镜像距 150mm、机械镜筒长 160mm 的显微镜,如图 1-5 所示;另一种为物镜像距无穷远、镜筒内装有透镜的显微镜,如图 1-6 所示。

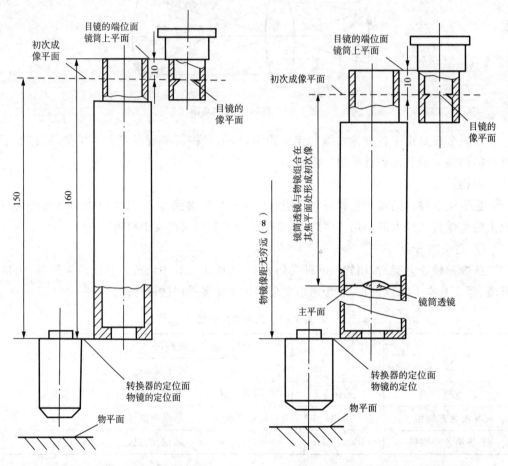

图 1-5　筒长 160mm 的显微镜　　　　　图 1-6　物镜像距无穷远的显微镜

④ 盖玻片

盖玻片是置于被测物体与物镜之间的无色透明玻璃薄片,按国际标准规定,盖玻片分为矩形和圆形两种。物镜上标有 160/— 时说明盖玻片用不用均可,标有 160/0 说明不用盖玻片。金相显微镜一般不用盖玻片,用盖玻片的一般指生物显微镜。

⑤ 数值孔径(numerical aperture,以符号 $N \cdot A$ 表示)

表征物镜的聚光能力,其值大小取决于进入物镜的光线锥所张开的角度,即孔径角的大小。

$$N \cdot A = n \sin\theta$$

式中 n 为试样与物镜间介质的折射率,空气介质 $n=1$,松柏油介质 $n=1.515$。θ 为孔径角的半角,如图 1-7 所示。数值孔径 $N \cdot A$ 值的大小标志着物镜分辨率的高低。干系物镜 $n=1$,$\sin\theta$ 总小于 1,因此 $N \cdot A < 1$;油系物镜 n 值可大于 1.5,所以 $N \cdot A > 1$。

⑥ 物镜的分辨率

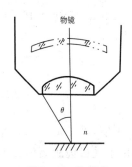

图 1-7 孔径角

显微镜的分辨率主要取决于物镜,分辨率的概念与放大倍数不同。可以做这样一个实验:用两个不同的物镜在同样放大倍数下观察同一细微组织能得到两种不同的效果,一个可以清楚的分辨出组织中相距很近的两个点,另一个只能看到这两个点连在一起的模糊轮廓,如图 1-8 所示。显然前一个物镜的分辨率高,而后一个物镜的分辨率低。所以说物镜的分辨率可以用物镜所能清晰分辨出相邻两点间最小距离 d 来表示。d 与数值孔径的关系如下:

$$d = \frac{\lambda}{2N \cdot A}$$

式中:λ——入射光的波长;

$N \cdot A$——物镜数值孔径。

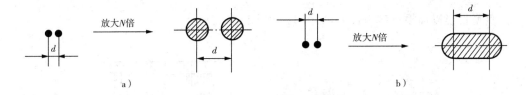

图 1-8 物镜分辨率高低示意图

a)分辨率高;b)分辨率低

可见,分辨率与入射光的波长成正比,λ 愈短,分辨率愈高;与数值孔径成反比,物镜的数值孔径愈大,分辨率愈高。

⑦ 有效放大倍数

能否看清组织的细节,除与物镜的分辨率有关外,还与人的眼睛实际分辨率有关。如物镜分辨率很高,形成清晰的实像,可是与之配用的目镜倍数过低,致使观察者难以看清,此时称"放大不足",即未能充分发挥物镜的分辨率。但是误认为选用的目镜倍数愈高,即总放大倍数愈大看的愈清楚,这也是不妥当的。实践证明超过一定界限后,放大的映像愈大反而愈模糊,此时称"虚伪放大"。

物镜的数值孔径决定了显微镜的有效放大倍数。所谓有效放大倍数是指物镜分辨清楚的距离(d),被人的眼睛同样能分辨清晰所必须放大的倍数,用 $M_{有效}$ 表示。

$$M_{有效} = \frac{l}{d} = \frac{l}{\dfrac{\lambda}{2N \cdot A}} = \frac{2l}{\lambda} N \cdot A$$

式中 l 为人眼的分辨率,在 250mm 处,正常人眼的分辨率为 $0.15 \sim 0.30$mm。

若取 $\lambda=5500\times10^{-7}$mm(绿光波长)代入上式,则

$$M_{有效(min)}=\frac{2\times0.15}{5500\times10^{-7}}N\cdot A\approx550N\cdot A$$

$$M_{有效(max)}=\frac{2\times0.30}{5500\times10^{-7}}N\cdot A\approx1000N\cdot A$$

结果说明,在 $500\sim1000N\cdot A$ 范围内的放大倍数,均为有效放大倍数;小于 $500N\cdot A$ 时,由于受目镜放大倍数不足的限制,未能充分发挥物镜的分辨率;大于 $1000N\cdot A$ 时,可能会出现虚伪放大现象。然而,随着科学技术的发展,光学零件设计制造日趋完善精良,照明方式不断改进,有些显微镜的有效放大倍数最大可达 $2200N\cdot A$,说明上述有效放大倍数的范围并非是严格的界限。

了解有效放大倍数范围对正确选择物镜和目镜的配合十分重要,例如25倍的物镜 $N\cdot A=0.40$,其有效放大倍数应该在 $500\times0.40\sim1000\times0.40$ 倍,即 $200\sim400$ 倍范围内。因此,应选择8~16倍的目镜与该物镜配合使用。

4)目镜

常用的目镜按其构造可分为5种。

① 负型目镜

负型目镜以福根目镜为代表,如图1-9所示。

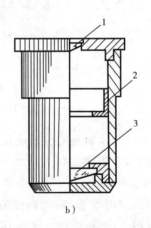

a)　　　　　　　　　　　　　　　　　b)

图1-9　负型目镜

a)实体;b)剖面图

1—目透镜;2—光阑;3—场透镜

福根目镜是由两片单一的平凸透镜并在中间加一光阑组成。接近眼睛的透镜称为目透镜,起放大作用;另一透镜称场透镜,能使映像亮度均匀。中间的光阑可以遮挡无用光,提高映像清晰度。福根目镜并未对透镜像差加以校正,故只适于同低倍或中倍消色差物镜配合使用。

② 正型目镜

正型目镜以雷斯登目镜为代表,如图1-10所示。

雷斯登目镜也是由两片凸透镜组成,所不同的是光阑在场透镜的外面。这种目镜有

良好的像域弯曲校正,球面像差也比较小,但色像差比福根目镜严重。另外,在相同放大倍数下,正型目镜的观察视场比负型目镜略小。

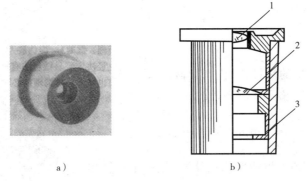

图1-10 正型目镜

a)实体;b)剖面图

1—目透镜;2—场透镜;3—光阑

③ 补偿目镜

补偿目镜是一种特制的目镜,结构较上述两种复杂。与复消色差物镜配合使用,可以补偿校正残余色差,得到全面清晰的映象,但不宜与普通消色差物镜配合使用。

④ 摄影目镜

摄影目镜专用于金相摄影,不能用于观察。由于对透镜的球面像差、像域弯曲均有良好的校正,因此与物镜配合可在投影屏上形成平坦、清晰的实像。凡带有摄影装置的显微镜均配有摄影目镜。

⑤ 测微目镜

测微目镜是为了满足组织测量的需求而设置的,内装有目镜测微器,为看清目镜中标尺刻度,可借助螺旋调节装置移动目透镜的位置。如图1-11所示。

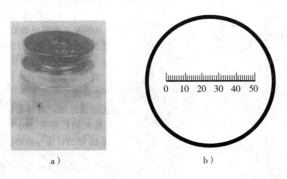

图1-11 测微目镜

a)实体;b)目镜测微器

测微目镜与不同放大倍数的物镜配合使用,测微器的格值是不同的。标定格值需要借助物镜测微尺(即1mm距离被等分成100格的标尺)。标定方法如下:首先利用测微目镜上的螺旋装置将视场中目镜测微器的刻度调至最清楚,然后将物镜测微尺作为试样成像于视场中,这样视场中可同时看到两个标尺。如图1-12所示。

仔细将物镜测微尺的 n 个格与目镜测微器的 m 个格对齐。已知物镜测微尺的 1 格为 0.01mm,则目镜测微器在此具体情况下格值 l 为:

$$l = \frac{n \times 0.01}{m} \text{mm}$$

例如图 1-12 中的标尺,目镜测微器(黑格)35 格与物镜测微尺(白格)22 格刚好对齐,故

$$l = \frac{22 \times 0.01}{35} \text{mm} \approx 0.063 \text{mm}$$

求出 l 值后,当知道被测距离的格数时,就不难算出被测距离的尺寸了。

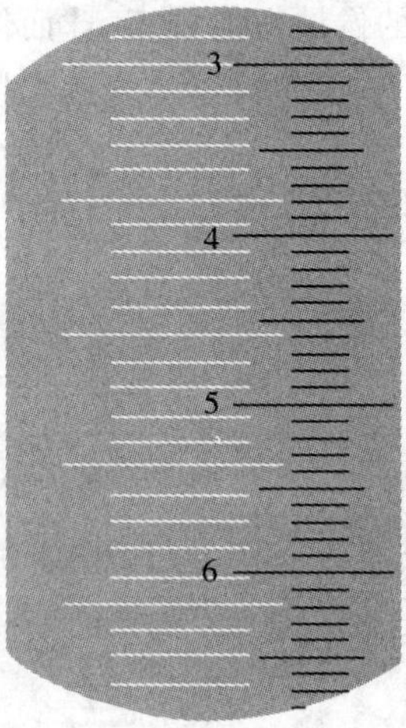

⑥ 目镜上的标志

普通目镜上只标有放大倍数,如 5×、10×、12.5× 等。补偿目镜上还标有一个"K"字,如 K10×、K30× 等。

(2)光路系统

小型金相显微镜,按光程设计可分为直立式和倒立式两种类型。试样磨面向上、物镜向下的为直立式显微镜,试样磨面向下、物镜向上的为倒立式显微镜,如图 1-13 所示。

图 1-12 视场中的两个标尺
黑格:目镜测微器
白格:物镜测微器

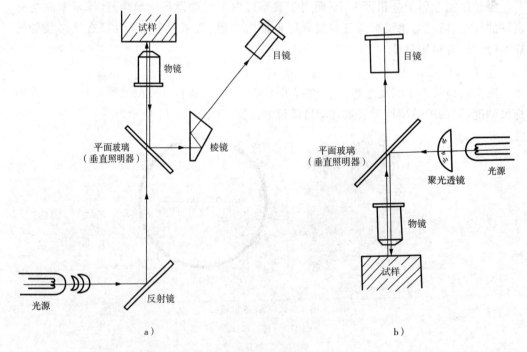

图 1-13 金相显微镜光程示意图
a)倒立式;b)直立式

以倒立式显微镜为例,光源发出的光经过透镜组投射到反射镜上,反射镜将水平走向的光变成垂直走向,自下而上穿过平面玻璃和物镜投射到试样磨面上,反射进入物镜

的光又自上而下照到平面玻璃上,反射后水平走向的光束进入棱镜,通过折射、反射后进入目镜。

1)光源

金相显微镜和生物显微镜不同,必须有光源装置。作为光源的有低压钨丝灯泡、氙灯、碳弧灯和卤素灯等。目前,小型金相显微镜用得最多的是 $6\sim8V$、$15\sim30W$ 的低压钨丝灯泡。为使发光点集中,钨丝制成小螺旋状。

2)光源照明方式

光源照明方式取决于光路设计,一般采用临界照明和科勒照明两种。所谓临界照明方式即光源被成像于物平面镜上,虽然可以得到最高的亮度,但对光源本身亮度的均匀性要求很高。科勒照明方式即光源被成像于物镜后焦面(大体在物镜支承面位置),由物镜射出的是平行光,既可以使物平面得到充分照明,又减少了光源本身亮度不均匀的影响,因此目前应用较多。

3)垂直照明器

垂直照明器是光学金相显微镜必不可少的装置,其作用是使光路垂直换向,如图1-14 所示。

图1-14 所示两种垂直照明器各有优点和缺点。用平面玻璃时,由于光线充满了物镜,后透镜使映像清晰、平坦,但光线损失很大(用透射光时的反射部分和用反射光时的透射部分均损失掉,实际上只用了大约1/4 部分)。改用棱镜可以弥补这一缺点,但映像质量较差,多用于低倍观察。

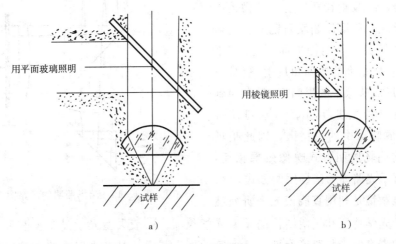

图1-14　垂直照明器

a)平面玻璃;b)棱镜

4)孔径光阑

孔径光阑位于靠近光源处,用来调节入射光束的粗细,以便改善映像质量。在进行金相观察和摄影时,孔径光阑开得过大或过小都会影响映像的质量。过大,会使球面像差增加,镜筒内反射光和炫光也增加,映像叠映了一层白光,显著降低映像衬度,组织变得模糊不清。过小,进入物镜的光束太细,减小了物镜的孔径角,使物镜的分辨率降低,无法分清细微组织,同时还会产生光的干涉现象,导致映像出现浮雕和叠影而不清晰。因此孔径光阑张开的大小应根据金相组织特征和物镜放大倍数随时调整达到最佳状态。

5)滤光片

作为金相显微镜附件,常备有黄、绿、蓝色滤光片。合理选用滤光片可以减少物镜的色像差,提高映像清晰度。因为各种物镜的像差,在绿色波区均已校正过,绿色又能给人以舒适感,所以最常用的是绿色滤光片。

6)视场光阑

视场光阑的作用与孔径光阑不同,其大小并不影响物镜的分辨率,只改变视场的大小。一般应将视场光阑调至全视场刚刚露出时,这样在观察到整个视场的前提下最大限度地减少镜筒内部的反射光和炫光,以提高映像质量。

7)映像照明方式

金相显微镜常用的映像照明方式有两种,即明场照明和暗场照明。

① 明场照明:明场照明方式是金相分析中最常用的。光从物镜内射出,垂直或接近垂直地投向物平面。若照到平滑区域,光线必将被反射进入物镜,形成映像中的白亮区。若照到凹凸不平区域,绝大部分光线将产生漫射而不能进入物镜,形成映像中的黑暗区。

② 暗场照明:在鉴别非金属夹杂物透明度时,往往要用暗场照明方式。光源发出的光,经过透镜变成一束平行光,又通过环形遮光板,将中心部分光线遮挡而成为管状光束,经 45°反射镜环反射后沿物镜周围投射到暗场罩前缘内侧反射镜上。反射光以很大的倾斜角射向物平面,如照到平滑区域,必将以很大的倾斜角反射,故难以进入物镜,形成映像中的黑暗区,只有照到凹凸不平区域的光线,反射后才有可能进入物镜,形成映像中的白亮区。因此暗场照明方式与明场照明方式映像效果相反,图 1-15 所示光路即为暗场照明方式。

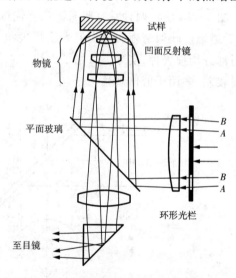

图 1-15 暗场照明的光路图

偏光显微镜是利用直线偏光来研究硅酸盐制品的光学特征和显微结构的重要光学仪器。一般大型光学显微镜和部分台式金相显微镜均带有偏光装置等附件。显微镜的偏光装置就是在入射光路和观察镜筒内各加入一个偏光镜而构成。前一个偏光镜为"起偏镜",后一个偏光镜为"检偏镜"。与普通光学显微镜相比,偏光显微镜除增加起偏镜和检偏镜两个附件外,还要求载物台沿显微镜的机械中心在水平面内可做 360°旋转。图 1-16 为偏光显微镜的结构示意图。

物质发出的光波具有一切可能的振动方向,且各方向振动矢量大小相等,称为自然光。而当光矢量在一个固定平面内只沿一个固定方向作振动的光称为线偏振光(或平面偏振光),简称偏振光。偏振光的光矢量振动方向和传播方向所构成的面称为振动面。产生偏振光的装置称为起偏镜,如果起偏镜绕主轴旋转,则透过起偏镜的直线偏振光的

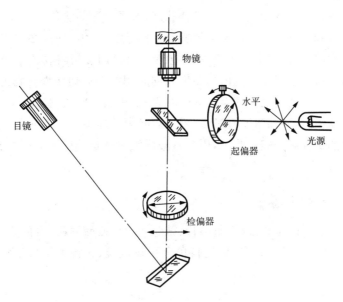

图 1-16 偏光照明的光路图

振动面也跟着转动。为了分辨光的偏振状态,在起偏镜后加入一个检偏镜,它能鉴别起偏镜造成的偏振光。不同状态的偏振光通过检偏镜后,将有不同的光强度变化规律。

(3)机械系统

机械系统主要包括载物台、粗调机构、微调机构和物镜转换器。

① 载物台

载物台是用来支承被观察物体的工作台,大多数显微镜的载物台都能在一定范围内平移,以改变被观察的部位。

② 粗调机构

粗调机构是在较大行程范围内,用来改变物体和物镜前透镜间轴向距离的装置。一般采用齿轮齿条传动装置。

③ 微调机构

微调机构是在一个很小的行程范围内(约 2mm),调节物体和物镜前透镜间轴向距离的装置。

④ 物镜转换器

物镜转换器是为了便于更换物镜而设置的。转换器上同时装几个物镜,可任意将所需物镜转至并固定在显微镜光轴上。

2. 使用显微镜时应注意的事项

(1)操作者的手必须洗净擦干,并保持环境的清洁、干燥。

(2)用低压钨丝灯泡作光源时,接通电源必须通过变压器,切不可误接在 220V 电源上。

(3)根据有效放大倍数 $M_{有效}=500\sim1000N\cdot A$ 合理选择物镜和目镜。更换物镜、目镜时要格外小心,严防失手落地。不得用手帕等物擦拭物镜和目镜,必要时可用专用毛刷或擦镜纸轻轻擦拭。

（4）调节孔径光栏与视场光栏处于最佳状态,选择合适的滤色片,一般用黄绿色。

（5）调节物体和物镜前透镜间轴向距离（以下简称"聚焦"）时,必须首先弄清粗调旋钮转向与载物台升降方向的关系。初学者应该先用粗调旋钮将物镜调至尽量靠近物体但绝不可接触,然后仔细观察视场内的亮度并同时用粗调旋钮缓慢将物镜向远离物体方向调节,待视场内忽然变得明亮甚至出现映像时,换用微调旋钮调至映像最清晰为止。

（6）用油系物镜时,滴油量不宜过多,用完后必须立即用二甲苯洗净,擦干。

（7）待观察的试样必须完全吹干,用氢氟酸浸蚀过的试样吹干时间要长些,因氢氟酸对镜片有严重腐蚀作用。

【实验材料及设备】

（1）材料:金相试样、金相砂纸、研磨膏、抛光呢、4%硝酸酒精、酒精、脱脂棉等。

（2）主要设备:金相显微镜、带偏光暗场金相显微镜、目镜测微尺、物镜测微尺、抛光机等。

【实验内容与步骤】

（1）观察直立式与倒立式两种金相显微镜的构造与光路。

（2）操作显微镜,比较熟练地掌握聚焦方法,了解孔径光阑、视场光阑和滤光片的作用。

（3）熟悉物镜、目镜上的标志并合理选配物镜和目镜。

（4）分别在明场照明和暗场照明下观察同一试样,分析组织特征及成因。

（5）借助物镜测微尺确定目镜测微尺的格值。

【实验报告要求】

（1）简述孔径光阑、视场光阑、滤色片的作用,怎样调节得到最清晰的图像?

（2）何谓显微镜的有效放大倍数? 怎样使物镜和目镜得到最佳配合?

（3）绘出明场和暗场下观察到的显微组织示意图。

（4）求出测微目镜的格值。

实验二　金相样品的制备及组织观察与摄影

【实验目的】

(1)掌握金相试样制备的基本方法。

(2)识别制样过程中常见的缺陷。

(3)学会使用数码金相显微镜摄影拍照。

【实验说明】

金相分析是获得金属材料内部信息的重要手段之一,进行金相分析,必须要制备试样。未经制备的试样,观察面很粗糙,当平行光照在试样上时,会形成漫反射,在显微镜下看不到显微组织;如果试样观察面是光滑的镜面,当平行光照在试样上时,会形成按入射方向的反射,在显微镜下只能观察到白亮一片,也看不到显微组织特征。只有试样的观察面出现显微范围内的凸凹不平时,经平行光照射后,才能产生强弱不同的反射,在显微镜下观察到显微组织特征。因此,进行金相分析的试样必须精心制备。如果试样制备不当,则可能使试样的显微组织模糊不清,甚至出现假象导致得到错误的分析结果,这是应该特别注意的问题。

金相试样制备过程一般包括取样、镶嵌、磨光、抛光、浸蚀等几个步骤。在试样制备合格后再用数码金相显微镜观察拍照。

1. 取样

根据观察分析目的或国家制定的标准,在零件或材料有代表性的部位切取一小块试样。试样的尺寸以握在手中操作方便为原则。一般圆形试样取直径为 10mm、高为 12mm 的试样为宜;块形试样取长、宽、高各为 12mm 的试样为宜。

取样最常用的方法是进行机械切割。机械切割的设备和工具有砂轮切割机、电火花切割机、车床、锯床、手锯等。其中砂轮切割机广泛用于钢铁材料的切取;较软的有色金属材料可用手锯或车床切割;既硬又脆的材料可用锤击的方法截取。在取样过程中,必须保证显微组织不因切割发热而发生变化,也不因切割用力造成塑性变形。因此,在使用砂轮切割机时,应注意用水充分冷却试样,施力要平稳、均匀。

2. 镶嵌

对尺寸过小、形状不规则的试样需进行镶嵌,常用的镶嵌方法有几种:

(1)热镶嵌

此法在专用的镶嵌机上进行。将试样观察面向下置入镶嵌机的模具内,用热固性塑料(酚醛树脂,俗称电木粉)或热塑性塑料(聚氯乙烯)作为镶嵌材料填入试样周围,然后加热、加压成型。热镶法只适用于在200℃以内加热无显微组织变化的试样。

（2）冷镶法

为了避免热镶法所引起的显微组织变化，可采用冷镶法。它是将环氧塑料（环氧树脂100g、磷苯二甲酸二丁酯15g、乙二胺10g）的流体注入塑料模内，在室温下经24小时后可固化，试样即被镶嵌于其中。为了脱模方便，常在塑料模的内壁涂一层硅油。

（3）机械夹持法

当分析试样表面显微组织时，常用机械夹具夹持试样。为了保护试样的边缘，可在试样一侧面或两侧面放置软金属垫片。还应该注意夹持时不能用力太大，以免引起试样塑性变形。

3. 磨光

磨光的目的是为了获得平整光滑的观察面，消除或减小切割时在观察面上产生的变形。试样的磨光分粗磨和细磨。

（1）粗磨

将形状不规则的试样修整为规则形状的试样；磨平观察面，同时去掉切割时产生的变形层；在不影响观察目的的前提下，磨掉试样上的棱角（磨出倒角），以免划破砂纸和抛光织物。

黑色金属材料的粗磨在砂轮机上进行。具体操作方法是将试样牢牢地捏住，用砂轮的侧面磨制，在试样与砂轮接触的一瞬间，尽量使磨面与砂轮面平行，用力不可过大。由于磨削力的作用往往出现试样磨面的上半部分磨削量偏大，故需人为地进行调整，尽量加大试样下半部分的压力，以求整个磨面均匀受力。另外在磨制过程中，试样必须沿砂轮的径向往复缓慢移动，防止砂轮表面形成凹沟。必须指出的是，磨削过程会使试样表面温度骤然升高，只有不断地将试样浸水冷却，才能防止组织发生变化。

砂轮机转速比较快，一般2850r/min，工作者不应站在砂轮的正前方，以防被飞出物击伤。操作时严禁戴手套，以免手被卷入砂轮机。

关于砂轮的选择，一般是遵照磨硬材料选稍软些的，磨软材料选稍硬些的基本原则。用于金相制样方面的砂轮大部分是：磨料粒度为40号、46号、54号、60号（数字愈大愈细）；材料为白刚玉（代号为GB或WA）、绿碳化硅（代号为TL或GC）、棕刚玉（代号为GZ或A）和黑碳化硅（代号为TH或C）等；硬度为中软（代号为ZR_1或K），尺寸多为250×25×32mm（外径×厚度×孔径）的平砂轮。

有色金属，如铜、铝及其合金等，因材质很软，不可用砂轮而要用锉刀进行粗磨，以免磨屑填塞砂轮孔隙，且使试样产生较深的磨痕和严重的塑性变形层。

（2）细磨

粗磨后的试样，磨面上仍有较粗的较深的磨痕，为了消除这些磨痕必须进行细磨。细磨分手工细磨和机械细磨两种：

① 手工细磨

将金相砂纸铺放在玻璃板上，一手按住砂纸，一手将试样观察面压在砂纸上，使整个面受压均匀地在砂纸上作单向推磨。正确的操作姿势如图2-1所示。磨制过程中，必须注意以下几点：

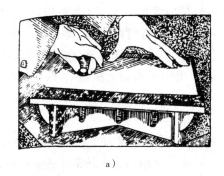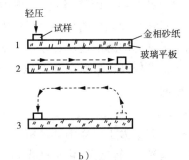

图 2-1　手工磨光操作

a. 金相砂纸应从粗粒度到细粒度依次更换。一般钢铁材料用砂轮粗磨后的试样可从磨料粒度为 400 号的砂纸开始磨至 1200 号。对于金相摄影用的试样需磨至磨粒粒度为 1600 号的砂纸才行。金相砂纸的粒度号见表 2-1。

表 2-1　常用金相砂纸的规格

金相砂纸编号	01	02	03	04	05	06
粒　度	400(M28)	500(M20)	600(M14)	800(M10)	1000(M7)	1200(M5)
砂粒尺寸/μm	28~20	20~14	14~10	10~7	7~5	5~3.5

注:表中为多数厂家所用编号,目前没有统一规格。

b. 每更换细一号的砂纸时,试样和手应清理干净,以防止上一道粗磨粒落在细砂纸上。同时将试样磨制方向旋转 90°,使新磨痕与旧磨痕垂直,直到旧磨痕完全消失为止。

c. 磨制时用力要均匀,而且不可过大。否则一方面会因磨痕过深增加下一道磨制的困难,另一方面会造成表面变形严重影响组织真实性。

d. 砂纸的砂粒钝后磨削作用明显下降时,不宜继续使用,否则砂粒在金属表面产生的滚压作用会增加表面变形。

e. 磨制铜、铝及其合金等较软的有色金属材料时,用力更要轻些,亦可在砂纸上滴一些煤油,以防脱落砂粒嵌入金属表面。

用水砂纸手工磨制的操作方法和步骤与用金相砂纸磨制完全一样,只是将水砂纸置于流动水下边冲边磨,由粗到细依次更换数次,最后磨到 1000 或 1200 号砂纸。因为水流不断地将脱落砂粒、磨屑冲掉,故砂纸的磨削寿命较长。实践证明,用水砂纸磨制试样速度快、质量高,有效地弥补了干磨的不足,水砂纸的规格见表 2-2 所示。

表 2-2　常用水砂纸的规格

水砂纸编号	240	300	400	500	600	800	1000	1200
粒度	160	200	280	320	400	600	800	1000

注:表中为多数厂家所用编号,目前没有统一规格。

② 机械细磨

目前普遍使用的机械细磨设备是预磨机。把各号水磨砂纸粘铺在预磨机的圆盘上,电动机带动圆盘转动。磨制时,将试样沿盘的径向来回移动,用力要均匀,边磨边用水冲。水流既起到冷却试样的作用,又可以借助离心力将脱落灰粒、磨屑等不断地随流水一起冲走。机械磨的磨削速度比手工磨制快得多,但平整度不够好,表面变形层也比较严重。因此要求较高或材质较软的试样应该采用手工磨制。机械磨所用水砂纸规格与手工湿磨相同。

4. 抛光

抛光的目的是为了消除细磨时留下的磨痕,使观察面成为光滑无痕的镜面。抛光的方法有机械抛光、电解抛光、化学抛光和三者的综合应用。其中最常用的是机械抛光。

(1)机械抛光

机械抛光与细磨本质上都是借助磨料尖角锐利的刃部,切去试样表面隆起的部分。机械抛光在抛光机上进行,将抛光织物用水浸湿、铺平、绷紧并固定在抛光盘上。启动开关使抛光盘逆时针转动,将适量的抛光液(抛光粉加水的悬浮液)滴洒在盘上即可抛光。抛光织物粗抛时常用帆布、毛呢,细抛时常用细毛呢或金丝绒。最常用的抛光粉是氧化铝(Al_2O_3)粉、氧化铬(Cr_2O_3)粉,其颗粒尺寸粗抛时为 $5\mu\mu m$,细抛时为 $2\mu\mu m$。

目前,人造金刚石研磨膏(最常用的有 W0.5、W1.0、W1.5、W2.5、W 3.5 五种规格的溶水性研磨膏)代替抛光液,正得到日益广泛的应用。本课程实验大多采用 W2.5 的金刚石研磨膏。用极少的研磨膏均匀涂在抛光织物上进行抛光,抛光速度快,质量也好。为了获得良好的抛光面,抛光时应注意以下几点:

① 抛光前试样一定要清洗干净,绝不可将粗磨粒带入抛光盘中。

② 将试样从靠近转盘的中心部放下并与抛光织物接触。手对整个抛光面施加的压力应适当、均匀。施力过大,试样观察面会发热并变得灰暗,施力过小,难以抛掉磨痕,延长抛光时间,应尽量缩短抛光时间。

③ 抛光时,试样应沿盘的中心至边缘不断往复移动,同时还应注意试样自身的转动。

在抛光的过程中要不断向抛光织物上滴洒抛光液,抛光盘的湿度通常以抛光面上的水膜在 2～3 秒内蒸发干为宜。

④ 抛有色金属(如铜、铝及其合金)时,最好在抛光盘上涂少许肥皂或滴加少许肥皂水。

(2)电解抛光

电解抛光装置示意图如图 2-2 所示。阴极用不锈钢板制成,试样本身为阳极,二者同处于电解抛光液中,接通回路后在试样表面形成一层高电阻膜。由于试样表面高低不平,膜的厚薄也不同。试样表面凸起部分膜薄,电阻小、电流密度大,金属溶解速度快。相对而言,凹下部分溶解速度慢,这种选择性溶解结果,使试样表面逐渐平整,最后形成光滑平面。

电解抛光纯系化学溶解过程,因此它消除了机械抛光难以避免的瑕疵,不会引起试样表面变形,与机械抛光比较既省时间又操作简便。然而电解抛光也有其局限性,因其对材料化学成分不均匀的偏析组织以及非金属夹杂物等比较敏感,会造成局部强烈浸蚀而形成斑坑。另外镶嵌在塑料内的试样,因不导电,故也不适用。所以目前仍然以机械抛光为主。

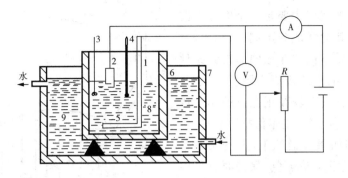

图 2-2　电解抛光装置示意图

1—阴极；2—试样阳极；3—搅拌器；4—温度计；5—阴极 6—电解槽；7—冷却槽；8—电解液；9—冷却液

电解抛光时，先按要求配制好电解抛光液。关于抛光液的成分以及抛光规范均可参考附录 1。将待抛试样磨面浸入抛光液中，接通电源，按规范调整到所需电压、电流，一般只需十几秒至几十秒钟即可取出。取出后立即用流动水冲洗干净，而后吹干即可。如抛光过程中已同时具有浸蚀作用，可省去抛光后的浸蚀步骤。铜合金、铝合金、奥氏体不锈钢及高锰钢等材料常用电解抛光。

5. 组织显示

抛光后的试样，直接在显微镜下观察，只能观察到非金属夹杂物、石墨及裂纹等。若要观察组织，必须经过适当的浸蚀方法，把组织显示出来。显示组织最常用的方法是化学浸蚀法和电解浸蚀法。

(1)化学浸蚀法

化学浸蚀就是将抛光后的试样浸入化学试剂中，或用化学试剂擦抹试样的观察面，使观察面上产生化学溶解和电化学溶解。

单相合金(包括纯金属)的浸蚀基本上是化学溶解过程。因为单相合金的组织是由不同的晶粒组成的，各个晶粒的位向不同，存在着晶粒间界，一般晶界处的电极电位和晶粒内的不同，而且具有较大的化学不稳定性，因此在和化学试剂作用时，溶解得比较快。不同位向的晶粒，溶解程度也不同。浸蚀结果如图 2-3 所示，在晶界处凹下去光线被反射向斜方向而不进入目镜，呈现黑色，晶粒内也会因表面倾斜程度不同而呈明暗程度不同的现象。

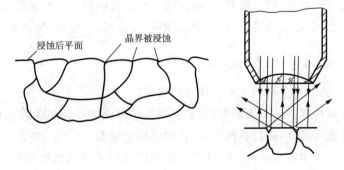

图 2-3　纯金属(单相均匀固溶体)的浸蚀

二相合金的浸蚀主要是一个电化学溶解过程。由于其化学成分不同、结构不同，因而电化学性质不同。在相同的浸蚀条件下，具有较高负电位的相成为阳极，溶解得快，逐渐凹下去；具有较高正电位的相则成为阴极，一般不易溶解，基本保持原有平面。作为阳极的相如果表面凹下，本身又不平滑，则在显微镜下呈暗黑色，保持原有平面的阴极相则呈光亮色。图 2-4 是片状珠光体的浸蚀及组织观察示意图。

化学浸蚀的具体操作方法：把已抛光好的试样用水冲洗，同时用脱脂棉擦净磨面，然后用酒精冲去或用滤纸吸去磨面上过多的水，吹干后放入浸蚀剂中。也可以用沾有浸蚀剂的棉花球轻轻擦拭抛光面，试样经一

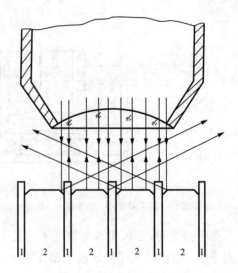

图 2-4　片状珠光体的浸蚀
1—渗碳体（Fe_3C）；2—铁素体（α）

定时间浸蚀后，立即用流动水冲洗观察面，然后在浸蚀面上滴些酒精，再用滤纸吸去过多的水和酒精，迅速用吹风机吹干，完成整个制备试样的过程。关于浸蚀的时间应根据组织特点和观察时的放大倍数来确定。在一般情况下，以抛光面微微变暗失去金属光泽为宜。对于单相组织、高倍观察或者需要拍摄的试样浸蚀时间可稍长一些。常用的浸蚀剂见附录 1。

一块高质量的金相试样，必须是组织真实、清晰、无磨痕、夹杂物不脱落等。制备不当的试样，常出现麻点、水迹、曳尾、划痕及浸蚀不当等缺陷。

（2）电解浸蚀法

电解浸蚀和电解抛光原理相似，它适用于化学稳定性高的合金。由于各相之间，晶粒与晶界之间电位不同，在微弱的电流作用下腐蚀程度不同，因而显示出组织。常用的电解浸蚀剂见附录 1。

【实验材料及设备】

（1）材料：试样、金相砂纸、研磨膏、抛光呢、4%硝酸酒精、酒精、脱脂棉等。

（2）主要设备：金相显微镜、数码金相显微镜、计算机、砂轮机、抛光机、电吹风等。

【实验内容与步骤】

每人制备一块基本合格的金相试样并拍照保存。

（1）将待磨试样在砂轮机上粗磨（注意要倒角），再依次在金相砂纸上细磨。

（2）用清水洗涤试样，进行机械抛光，直到试样呈镜面。

（3）抛光后用流水洗涤试样，立即吹干（此时严禁用手指接触抛光面），并在显微镜下检查磨痕、水迹、麻点、曳尾等缺陷。

（4）用沾有 4%硝酸酒精溶液的棉球轻轻擦拭抛光面进行浸蚀，使光亮的抛光面变成

浅灰色,然后用水冲洗,滴上酒精,迅速吹干。

（5）在显微镜下观察组织,联系浸蚀原理对观察结果进行分析。若浸蚀过浅,可重新浸蚀;若浸浊过深,则需要重新抛光后再浸蚀;若变形层严重,反复抛光浸蚀 1～2 次,注意观察组织清晰度的变化。

（6）用数码金相显微镜观察、采集图像到计算机,并拍照、保存、打印(如需要)。

【实验报告要求】

（1）简述制备金相试样的过程及目的和操作技术要点。

（2）绘出显微组织示意图,并注明材料、组织、放大倍数、浸蚀剂。

（3）分析你所制备样品的质量,并指出试样上的缺陷及形成原因。就如何在显微镜下识别试样上的缺陷和如何制备出高质量金相试样,谈谈个人的体会。

附录 1　常用浸蚀剂

一、常用化学浸蚀剂

序号	名　称	成　分	使用说明	适 用 范 围
1	硝酸酒精溶液	硝酸　1~5mL 酒精　100mL	室温	显示低碳钢、中碳钢、高碳钢、中碳合金钢和铸铁等供应状态及淬火后组织
2	苦味酸酒精溶液	苦味酸　4g 酒精　100mL	室温	碳钢及低合金钢 ①清晰显示珠光体、马氏体、回火马氏体、贝氏体； ②显示淬火钢的碳化物； ③识别珠光体与贝氏体； ④显示三次渗碳体
3	盐酸苦味酸酒精	盐酸　5mL 苦味酸　1g 酒精　100mL	室温	①显示淬火回火后的原奥氏体晶粒； ②显示回火马氏体组织
4	盐酸酒精溶液	盐酸　15mL 酒精　100mL	室温	氧化法晶粒度
5	硝酸酒精溶液	硝酸　5~10mL 酒精　95~90mL	室温	显示高速钢组织
6	氯化铁盐酸水溶液	三氯化铁　5g 盐酸　50mL 水　100mL	室温	显示奥氏体不锈钢组织
7	碱性苦味酸钠水溶液	苦味酸　2g 氢氧化钠　25g 水　100mL	煮沸 15min	渗碳体被染成黑色，铁素体不染色
8	盐酸硝酸酒精溶液	盐酸　10mL 硝酸　3mL 酒精　100mL	室温下 2~10min	显示高速钢组织

（续表）

序号	名　称	成　分	使用说明	适用范围
9	氯化铁酒精水溶液	三氯化铁　50g 酒精　150mL 水　100mL	室温数秒	显示钢淬火后的奥氏体晶界
10	苦味酸水溶液	苦味酸　100g 水　150mL 适量洗净剂	室温	显示碳钢、合金钢的原奥氏体晶界
11	硫酸水溶液	硫酸　10mL 水　90mL 高锰酸钾　1g	煮沸浸蚀5～6min	低碳、中碳合金钢的原奥氏体晶界
12	硫酸铜盐酸水溶液	硫酸铜　4g 盐酸　30mL 水　20mL	室温	显示不锈钢组织及氮化层
13	氢氟酸水溶液	氢氟酸　0.5mL 水　100mL	室温	显示铝合金组织
14	混合酸	氢氟酸　7.5mL 盐酸　25mL 硝酸　8mL 水　1000mL	室温	显示纯铝晶界
15	氢氧化铵双氧水混合液	氢氧化铵　5份 双氧水　5份 水　5份 苛性钾（20%）水溶液　1份	新鲜溶液，采用擦抹法	显示铜及铜合金组织（黄铜中 α 相变黑）
16	氯化铁盐酸水溶液	三氯化铁　5份 盐酸　10份 水　100份	采用擦抹法	显示铜及铜合金组织（黄铜中 β 相变黑）
17	硝酸醋酸溶液	硝酸　4mL 醋酸　3mL 水　16mL 甘油　3mL	热蚀（40℃～42℃）约4～30s，用新鲜试剂	显示铅及铅合金组织
18	氢氧化钠饱和水溶液	氢氧化钠饱和水溶液	室温	显示铅基、锡基合金组织
19	硝酸盐酸水溶液	硝酸　10mL 盐酸　25mL 水　200mL	室温	显示铅及铅锡合金组织

二、常用化学抛光液

序号	成 分	使 用 说 明	适 用 范 围
1	双氧水　100mL 氢氟酸　14mL 蒸馏水　100mL	室温	适用于 $w_C = 0.1$ ~0.8% 的碳钢及合金钢
2	蒸馏水　100mL 草酸　5g 双氧水(30%)　4~6mL 硫酸铜(分析纯)　0.5g	室温 3~4min	适用于高锰钢
3	三氧化铬(CrO_3)　200g 硫酸钠　15g 水　1000mL	室温 30s~3min	适用于锌及锌合金
4	氢氟酸　8~10mL 3%过氧化氢(30%)　60mL 水　30mL	时间 30~60s	钛

三、常用电解抛光及电解浸蚀液

序号	成 分	使 用 说 明	适 用 范 围
1	过氯酸、冰醋酸溶液 冰醋酸　10份 过氯酸　1份	电压 20~22V,电流密度 0.1A/cm^2,使用温度低于 20℃,抛光 2min 以上,在通风橱中进行,搅拌溶液防止爆炸(超过配方浓度时易爆炸),配制溶液时过氯酸须缓慢地加入冰醋酸中	适用于钢和铸铁
2	冰醋酸、铬酸溶液 冰醋酸　775mL 铬酸酐　0.075kg 铬酸钠　0.150kg	电压 40~45V,搅拌溶液使其低于 30℃,10min 以上。作用较慢,但较安全	适用于钢和铸铁
3	铬酸水溶液 三氧化铬　0.010kg 水　100mL	电解浸蚀,以试样为正极,不锈钢为负极,极间距 18~28mm,浸蚀 30~90s	除铁素体晶界外,一切组织均能显示,渗碳体最易显示,奥氏体次之
4	磷酸酒精溶液 磷酸　90mL 酒精　10mL	10~20V,0.3~1A/cm^2,20~60s	适用于钢及铜合金,用低电流进行电解浸蚀
5	过氯酸酒精溶液 过氯酸　10% 酒精　90%	33V,2A/cm^2,20℃,10s	适用于抛光铝及铝合金、铜等

实验三 定量金相及奥氏体晶粒测定

【实验目的】

(1)掌握定量金相测量方法。

(2)了解几种常见的奥氏体晶粒显示方法。

(3)掌握用定量金相法测定奥氏体晶粒大小。

(4)研究加热温度、保温时间对奥氏体晶粒大小的影响。

【实验说明】

金相是研究金属材料显微组织与性能之间关系的一门科学。金属显微组织形状、大小、分布和多少与材料的机械性能、物理性能之间存在着有规律的函数关系。定量金相正是通过测量显微组织的各种参数,建立起微观组织与宏观性能之间的一种定量关系。

1. 定量金相主要测定的参数

通过测量各组织的参数,得到定量的数据。反映组织的参数很多,如相的大小、数量弥散程度、晶界的长度、单位体积的界面率、晶粒或第二相的平均体积和颗粒尺寸分布等。

要想通过测量直接得到上述数据是不可能的,我们只能测得一些最基本、最关键、最能反映组织特征同时又比较容易测到的数据,通过各种理论或公式,求出所需要的结果。下面介绍国际通用的体视学符号和简介:

P——点,测量点的数目或落在被测对象上的点的数目;

L——线,单位测量用线的长度或相截于被测物上的长度;

A——平面积,单位测量面的面积或相截于被测物上的面积;

S——曲面面积,也就是界面积;

V——体积,单位测量体的体积或被测对象的体积;

N——被测对象的数目(点数);

P_P——点分数,平均每测一点落在测量对象上的几率;

P_L——在单位测量线上,与被测对象交截的点数;

P_A——在单位测量面上,与被测对象交截的点数;

P_V——在单位测量体上,被测对象的点数;

L_L——线分数,单位测量线上被测对象的截线长度;

L_A——单位测量面上被测对象的线长度;

L_V——单位测量体上被测对象的线长度;

A_A——面分数,单位测量面上被测对象的截面积;

V_V——体积分数,单位测量体上被测对象的体积;

N_L——单位测量线上被测对象的数目(点数);

$\overline{L}$——测量对象的平均截线长度;

$\overline{A}$——测量对象的平均截面积;

$\overline{S}$——测量对象的平均界面积;

$\overline{V}$——测量对象的平均体积。

上述符号很多,但无非是点、线、面、体,且有一定规律。其中点、线、面的参数可以直接测量得到,而涉及体的参数无法直接测量得到,只有通过计算获得。其基本公式为:

$$V_V = A_A = L_L = P_P$$

$$S_V = \frac{4}{\pi} L_A = 2P_L$$

$$L_V = 2P_A$$

$$P_V = \frac{1}{2}(L_V S_V) = 2P_A P_L$$

2. 定量金相的基本测量方法

1)比较法

根据国家标准,把测量对象和标准图片进行比较,以确定级别,如晶粒度级别、夹杂物级别、石墨级别等。

2)测量法

测量法是通过测定组织的某些特征参数进行计算,得出所需的各种数据。常用测量方法有下列几种:

① 计点法

用以测量参数 P_P,已确定测量对象的数目、含量等。通常用一个固定的网格(目镜测微尺)来计点,看看被测对象落在网格交叉点上的数目。网格交叉点数目是已知的,如 36 点(如图 3-1 所示)。

② 截线法

目镜测微尺的长度(L_T),与组织中各待测相相交,把落在待测相上的线段长度相加,得到一个总长度 L_a,通过计算,得出线分数 $L_L = L_a / L_T$(如图 3-2 所示)。

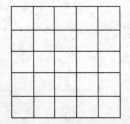

图 3-1　测量网格

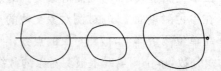

图 3-2　截线法测量截线长度 L_L

截线法还可测量 P_L，即单位测量线上与被测相的交点数（如图3-3所示）；还可测量 N_L，即单位测量线上被测相的个数等（如图3-4所示）。

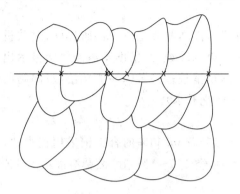 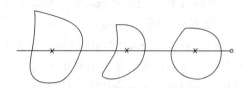

图3-3　截线法测量被测对象截点数 P_L　　　　图3-4　截线法测量点数 N_L

③ 面积法

用带有面积的目镜测微尺（总面积 A_T）测出待测相面积 A_α，计算出面分数 $A_A = A_\alpha / A_T$；由此也可以推导出 α 相所占的体积百分数。

3. 定量金相的应用

定量金相在测定了各种基本参数后，即可进行下列最常用的测量：

(1)测量多相合金中各相的相对量。

(2)在单相或复相合金中，测定晶粒的大小、尺寸。

(3)进行粒子间距、截距、自由程的测定。

(4)测定第二相粒子的大小和尺寸分布。

(5)在截面上，测定单位面积上某些组织的线长度。

(6)单位体积中，测定界面的表面积（晶界、相界的表面积）。

下面具体介绍奥氏体晶粒度的测定。

4. 奥氏体晶粒测定

钢材加热到奥氏体化温度以上，形成奥氏体组织。由于钢种、加热温度和保温时间等因素的不同，所得到的奥氏体晶粒大小也不相同。奥氏体晶粒大小对随后冷却过程中形成的组织、钢的机械性能及工艺性能等都有很大的影响，所以生产中常把测定奥氏体晶粒度作为评价钢材质量的重要依据之一。人们在研究金属材料时也常常测定晶粒大小，建立组织与性能之间的定量关系，便于更好地控制和利用材料。

根据奥氏体形成过程和晶粒长大的不同情况，奥氏体晶粒度分为起始晶粒度、实际晶粒度和本质晶粒度。晶粒度是表示晶粒大小的一种尺度。对钢来说，如不特别指明，晶粒度一般是指奥氏体化后的实际晶粒度。而实际晶粒度主要受加热温度和保温时间的影响，加热温度越高，保温时间越长，奥氏体晶粒越易长大粗化。

GB6394-2002《金属晶粒度测定法》规定了测定金属晶粒大小的方法。奥氏体晶粒的测定基本包括两个步骤，即奥氏体晶粒的显示和奥氏体晶粒大小的测定或评级。

(1)奥氏体晶粒显示

常用以下几种方法：

① 渗碳体网法

渗碳钢经渗碳后缓冷，在渗碳层的过共析区奥氏体晶界上析出渗碳体网；过共析钢退火后，在奥氏体晶界上析出渗碳体网。试样经磨制浸蚀后，借助于渗碳体网显示出原奥氏体晶粒。常用的浸蚀剂有：3%～4%硝酸酒精溶液；5%苦味酸酒精溶液；沸腾的碱性苦味酸水溶液(2克苦味酸，25克氢氧化钠，100毫升水)。

② 铁素体网法

含碳量 0.25%～0.60%的碳钢和含碳量 0.25%～0.50%的合金钢采用正火法，使先共析铁素体沿原奥氏体晶界析出形成铁素体网，经 3%～4%硝酸酒精溶液或 5%苦味酸酒精溶液浸蚀后显示出原奥氏体晶粒。

③ 氧化法

适用于含碳量 0.35%～0.60%的碳钢和合金钢。将试样预制抛光后置于加热炉中加热，由于晶界较晶内易于氧化，再经适当的磨制和抛光后，可以显示出由氧化物沿晶界分布的原奥氏体晶粒。

④ 屈氏体网法

共析钢加工成适当尺寸的棒状试样，进行不完全淬火，即将加热充分奥氏体化后的试样一端进行淬火，因此存在一个不完全淬硬区域。在此区域有少量屈氏体沿原奥氏体晶界呈网状分布，经浸蚀后显示出原奥氏体晶粒。

⑤ 直接浸蚀法

直接用合适的浸蚀剂显示原奥氏体晶粒的晶界。对于大多数钢种淬火回火态的原奥氏体晶粒显示，常用以苦味酸为基的试剂，即过饱和苦味酸水溶液＋适量洗涤剂＋少量酸。只要适当改变酸的种类和调整微量酸的加入量就可以获得良好的显示效果。

(2)奥氏体晶粒测定

晶粒大小是一个重要的组织参数，可以用晶粒的平均直径或面积来表示，也可以用标准的晶粒级别来评定。由于直径的概念只有对球体才有明确的意义，故对形状不规则的晶粒，常用平均截距(平均截线长度)来表示晶粒的直径。平均截距是指在截面上任意测试线穿过每个晶粒长度的平均值。

1)晶粒的平均截距($\bar{l}$)

当测量的晶粒数足够多时，二维截面上晶粒的平均截距等于三维空间晶粒的平均截距。若用已知长度的测试线，在放大 M 倍的显微组织图像或照片上随机作截线，截线的总长度为 L，截取的晶粒总数为 N，或者截线与晶界的总交点(截点)数为 P，则晶粒的平均截距 $\bar{l}$ 可以由式(3-1)求得：

$$\bar{l}=\frac{L}{N \cdot M} \tag{3-1}$$

对于单相晶粒组织，此时所截得的晶粒数 N 等于截线与晶界的交点数 P，即 $N=P$

$$\bar{l}=\frac{L}{P \cdot M} \tag{3-2}$$

当测试线的端点落在晶界上时,按 0.5 点计,若正好通过三叉晶界交点,则按 1.5 点计。线段两端未完全被截割的晶粒数按 0.5 个计。

测试用线可以是已知长度的单根直线或一组直线,也可以是一个单圆周线或一组圆周线。每组测量线对每个视场只能使用一次。为了得到一个有效值,应随机选取足够的视场数,还应根据试样的情况选择适当的放大倍数,一般以视场内不少于 50 个晶粒或每次测量时不少于 50 截点数为宜。

① 用带有刻度的目镜测微尺在显微镜下测量。测量时首先校正目镜测微尺的格值。显微镜采用不同放大倍数的物镜所得到的格值不同,调整放大倍数后需要另行校正,然后用校好的目镜测微尺(即为已知长度的线段 L)去测量被测的对象。假设用同一线段 L 测量了 n 次,测得的晶粒总数为 N,那么 $\bar{l}$ 即为:

$$\bar{l} = \frac{n \cdot L}{N} \tag{3-3}$$

② 用总长为 500mm 的四条直线测量。四条直线的排列如图 3-5 所示,其中两条为 100mm,两条为 150mm,这种排列可以减少晶粒各相异性的影响。垂直和水平的直线可以用来测量不同方向的晶粒,以两条线中的一条对应所需要的方向进行定位。测量时根据试样的情况选择适当的放大倍数,应使每次测量时至少有 50 个截点。

对于非等轴晶粒或有方向性的组织,应做纵向、横向和法向三个互相垂直截面的测量,具体方法,可以参阅有关资料,这里不作详细介绍。

③ 用圆周线测量。它是由一组同心圆组成的,如图 3-5 所示,三个同心圆的直径分别为 79.58mm、53.05mm、26.53mm。测量时可以用单圆周线,也可以用三个同心圆周线,三个圆周线网格的总长度为 500mm。测量时所选择的放大倍数应使得附在测试视场

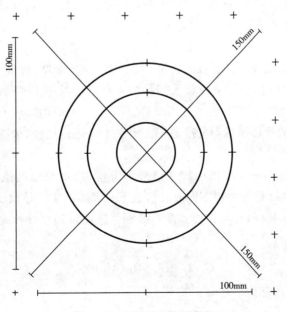

图 3-5　圆周线目镜测微尺

上的晶粒至少有 100 个。如果第一次放置测试网格产生的截点小于 70 或大于 150 个截点,应舍弃第一次结果重新调整放大倍数。如果用单圆周线,所采用的最大圆周线长为 250mm,在这种情况下选用的放大倍数至少应有 25 个截点。

圆周线测量法容易造成稍高的截距值和稍低的截点数,即平均晶粒数 $\overline{N}$ 偏低,平均截距 $\overline{l}$ 偏高。为了弥补这个问题,通过三个晶粒会合点的截点数应以 2 个截点来计数。

2)单位面积内的晶粒数(n_a)

可以用已知面积的图形测量,例如采用直径为 79.8mm 的圆形(面积为 5000mm²)、边长为 70.7mm 的正方形(面积为 5000mm²)等进行测量。一般以圆形面积测量较多。测量时将已知面积的测量网格置于晶粒图像上,选用视场内至少能获得 50 个晶粒的放大倍数,然后统计完全落在测量网内的晶粒数 n_1 和被测量网切割的晶粒数 n_2。那么单位面积的晶粒数 n_a 由下式求得:

$$n_a = \frac{n \cdot M^2}{A} \qquad (3-4)$$

其中:$n = n_1 + \dfrac{1}{2} n_2$(适用于圆形);$n = n_1 + \dfrac{1}{2} n_2 - 1$(适用于矩形、正方形)。

式中:A——测量用的圆形面积;

　　　M——图像的放大倍数。

常用面积为 5000mm² 的网测量,于是上式简化为:

$$n_a = 0.0002 \cdot M^2 \cdot n \qquad (3-5)$$

3)求晶粒度

"晶粒度"是晶粒大小的一种度量,用晶粒度级别指数(G)表示,通常可以用比较法、截距法、面积法求得。

① 比较法

适用于完全再结晶或等轴晶粒的材料。在 GB6394－2002 标准中,金属平均晶粒度评级图把晶粒分成 10 个等级,基准放大倍数为 100 倍。其中 1～4 级属粗晶粒,5～8 级为细晶粒,8 级以上称为超细晶粒。使用时将已制备好的试样放在 100 倍显微镜下观察,或者用放大 100 倍的投影图像与标准晶粒度级别图片进行比较,最接近的级别定为所评定的晶粒度级别。

当晶粒过大或过小用 100 倍的放大倍数不方便时,可改用其他放大倍数观察和评定。在 GB6394－2002 标准中有不同放大倍数下所观测的实际晶粒度与标准评级图之间的关系图,如表 3-1 所示,亦可以得到晶粒级别。还可以通过计算式换算出相应的晶粒级别:

$$G = G' + 6.64\lg(M/100) \qquad (3-6)$$

式中:M——显微图像的放大倍数;

　　　G'——在放大倍数为 M 时,与标准图片对照评出的晶粒级别。

表 3-1　常用放大倍数下晶粒度级别数间关系表

图像的放大倍数	与标准评级图编号等同图像的晶粒度级别									
	No. 1	No. 2	No. 3	No. 4	No. 5	No. 6	No. 7	No. 8	No. 9	No. 10
25	−3	−2	−1	0	1	2	3	4	5	6
50	−1	−	1	2	3	4	5	6	7	8
100	1	2	3	4	5	6	7	8	9	10
200	3	4	5	6	7	8	9	10	11	12
400	5	6	7	8	9	10	11	12	13	14
800	7	8	9	10	11	12	13	14	15	16

例如:有一试样要评定晶粒度,在 100 倍下与标准图片对照,其晶粒度小于 8 级,这时就应该将放大倍数调到 200 倍或者更高的倍数下评定。若在 200 倍下其晶粒度晶为 8 级,则根据式(3-6)可计算出相当于 100 倍的晶粒度:

$$G = G' + 6.64 \lg(M/100)$$

$$= 8 + 6.64 \lg(200/100)$$

$$\approx 10(级)$$

查表 3-1 得出 200 倍下该试样的晶粒度也为 10 级。

② 截距法

晶粒度级别按晶粒的平均截距来分。定义为:在放大 100 倍下,当晶粒的平均截距 $l_0 = 32\text{mm}$ 时,晶粒度级别 $G = 0$。平均截距为 $\bar{l}$ 的晶粒度级别按下式计算:

$$G = -3.2877 - 6.6439 \lg \bar{l} \tag{3-7}$$

③ 面积法

晶粒级别按每平方毫米内晶粒数的多少来分。定义为:在放大 1 倍下,每平方毫米内有 16 个晶粒,$G = 1$。每平方毫米内的晶粒数为 n_a 时,则晶粒度级别按下式计算得出:

$$G = -2.9542 + 3.3219 \lg n_a \tag{3-8}$$

在 ASTM 标准和 GB6394—2002 标准中列出了晶粒度计算关系表,因此在实际工作中只要测量计算出晶粒其中的一项相关值,如平均截距 $\bar{l}$、单位面积内的晶粒数 n_a、平均晶粒截面面积等,查表便可以得出对应的晶粒度级别。

3)误差分析

通过选取几个"代表性"视场测定计算出的晶粒特征参数值,决不能将它看做是该试样固定可靠的真实代表值。要进行误差分析,计算出测量值的精度;或者在给定精度时,借助于误差计算公式,估算出所需测量的次数,再进行正式测量。

① 求测量结果的置信限。常用"正常置信限"(C. L)来表示测量结果有 95% 的几率落在指定的置信限区间内。具体计算如下,并以一实例计算说明。

实例:测奥氏体晶粒,在 $M = 200$ 倍下,使用圆周长 $L = 500\text{mm}$ 的测量网,在 $n = 5$ 个

视场下测得截点 P(或 N)分别为 92、78、109、74 和 117。

　　a. 计算平均截点数：

$$\bar{P} = \sum_{i=1}^{n} P_i / n = 94$$

平均截距：

$$\bar{l} = \frac{L}{\bar{P} \cdot M} = 0.0266 \text{(mm)}$$

晶粒级别：

$$G = -3.2877 - 6.6439 \lg \bar{l} = 7.2$$

　　b. 计算截点计数的标准差：

$$S = \sqrt{\sum_{i=1}^{n} (P_i - \bar{P})^2 / (n-1)} = 18.8$$

　　c. 计算截点数的变异系数：

$$C.\, V = S / \bar{P} = 0.2$$

　　d. 计算截点数的标准误差：

$$S_{\bar{P}} = S / \sqrt{n-1} = 9.4$$

于是：

$$\bar{P} \pm 2 S_{\bar{P}} = 94 \pm (2 \times 9.4)$$

$$G = 7.2 \pm 0.6$$

　　② 估算所需测量次。由上面计算可知 5 次测量得到的晶粒度级别精度大于 0.5 级，若按 0.5 级精度来要求，必须增加测量次数。根据 $S^2 \propto \dfrac{1}{n}$ 的关系，按 $S_1^2 / S_2^2 = n_2 / n_1$ 公式求出所需的测量次数，得 $n_2 = 26$，即增加到 26 个视场。除去原先已测的五次外，再补充进行 21 次测量。新的平均截点数 $\bar{N} = 101$，$\bar{l} = 0.0248$，$G = 7.4$，同时 $S_N = 3.76$，则：$\bar{l} = 0.025 \pm 0.002$(mm)(95%C. L)、$G = 7.4 \pm 0.22$(95%C. L)，式中 n_1、S_1 为预测时的测量次数和相应的标准差；n_2、S_2 是正式测量用的次数和相应的标准差，S_2 可根据所要求的置信度和绝对误差算出。

　　③ 变异参数($C.\, V$)值。它反映了所观察的视场内各个测量结果离散变异程度及测量结果平均值的特征：$C.\, V$ 值越小，晶粒越均匀；$C.\, V$ 值越大，晶粒大小相对差范围较大。另外，求出 $C.\, V$ 值后，也可利用标准中给出的相关图表，查出晶粒级别 G 的置信限和平均截距 $\bar{l}$ 的相对置信限(R. C. L 置信限被其平均值所除的商)。如图 3-6 和图 3-7所示。

【实验材料及设备】

(1)每组一套加工好的试样；

(2)材料：金相砂纸、研磨膏、抛光呢、过饱和苦味酸钠水溶液、酒精、脱脂棉等；

(3)主要设备：金相显微镜、物镜测微尺、目镜测微尺、抛光机、电吹风等。

【实验内容与步骤】

(1)用目镜测微尺测量每个试样 10 个视场的奥氏体晶粒数。

(2)用长度法计算出奥氏体晶粒度级别。

(3)用比较法评出奥氏体晶粒度级别。

(4)研究加热温度、保温时间对奥氏体晶粒大小的影响。

【实验报告要求】

(1)简述测量方法和步骤。

(2)整理测定的原始数据。

(3)求出 $\bar{l}$ 及相应的 95% C. L 置信限，评出晶粒度级别。

(4)查表得出晶粒度级别指数 G 的置信限。

(5)讨论加热温度、保温时间对奥氏体晶粒大小的影响。

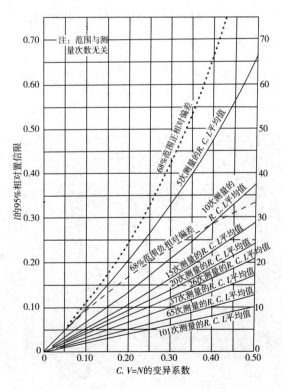

图 3-6　平均截距 $\bar{l}$ 的相对置信限确定图

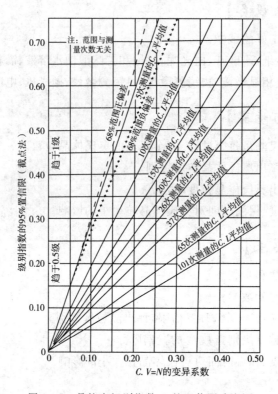

图 3-7　晶粒度级别指数 G 的置信限确定图

附录 2   GB6394－2002 金属平均晶粒度评级图

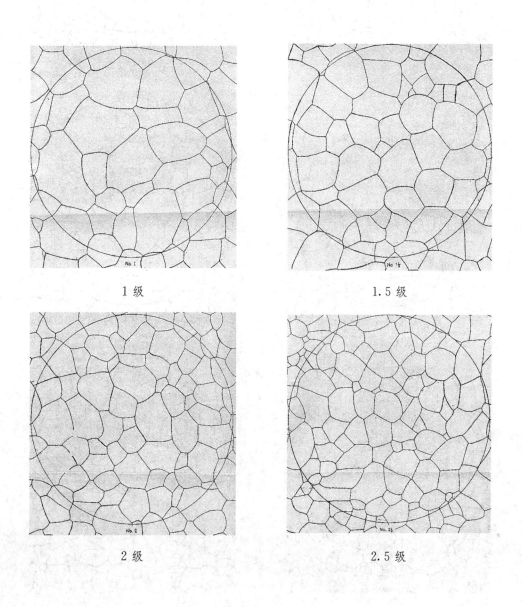

1 级   1.5 级

2 级   2.5 级

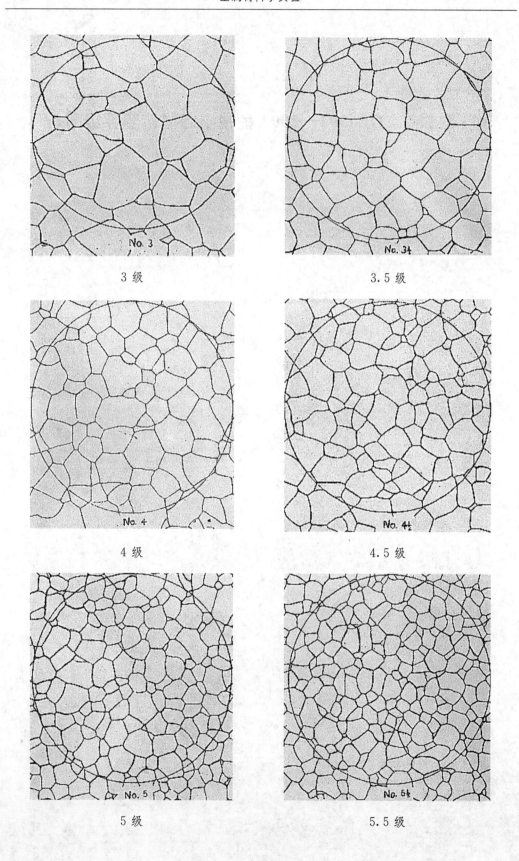

3 级　　　　　　　　　　　　　　3.5 级

4 级　　　　　　　　　　　　　　4.5 级

5 级　　　　　　　　　　　　　　5.5 级

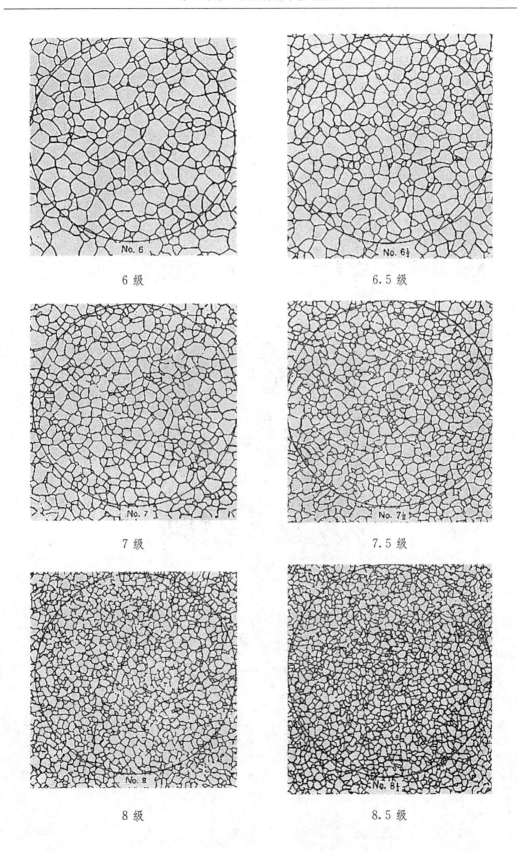

6 级　　　　　　　　　　　　　　6.5 级

7 级　　　　　　　　　　　　　　7.5 级

8 级　　　　　　　　　　　　　　8.5 级

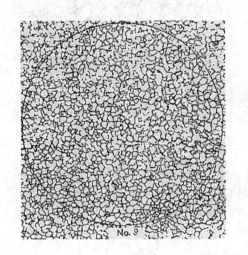

9 级

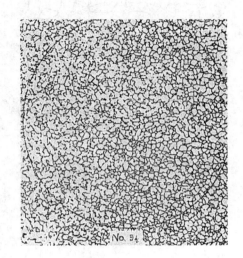

9.5 级

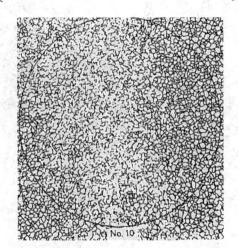

10 级

实验四　碳钢的热处理及性能测定

【实验目的】

(1)掌握碳钢几种热处理工艺(退火、正火、淬火、回火)的操作方法。

(2)了解热处理工艺对碳钢组织和性能的影响,熟悉 C 曲线及应用。

【实验说明】

热处理是一种很重要的金属热加工工艺方法,也是充分发挥金属材料性能潜力的重要手段。热处理的主要目的是改变钢的性能,其中包括使用性能和工艺性能。钢的热处理工艺特点是将钢加热到一定的温度,经一定时间的保温,然后以某种速度冷却,通过这样的工艺过程能使钢的性能发生改变。

热处理之所以能使钢的性能发生显著变化,主要是由于钢的内部组织结构发生一系列变化。采用不同的热处理工艺参数,将会使钢得到不同的组织结构,从而获得所需要的性能。

钢的热处理基本工艺方法可分为退火、正火、淬火和回火。

1. 加热温度

(1)钢的退火

退火是将钢件加热到 Ac_1 或 Ac_3 以上温度,一般亚共析钢完全退火加热温度为 Ac_3 +(30℃~50℃),共析钢和过共析钢球化退火温度为 Ac_1 +(20℃~30℃)。

(2)钢的正火

正火是将钢件加热到 Ac_3 或 Ac_m 以上,一般亚共析钢加热至 Ac_3 +(30℃~50℃),过共析钢加热至 Ac_m +(℃30~50℃),即奥氏体单相区。如图 4-1 所示。

(3)钢的淬火

淬火是将钢件加热到 Ac_3 或 Ac_1 以上,对于亚共析钢,加热温度为 Ac_3 +(30℃~50℃);对于过共析钢,加热温度为 Ac_1 +(30℃~50℃)。如图 4-2 所示。

(4)钢的回火

回火是将淬火后的钢件重新加热到低于相变点的某一温度,保温一定时间后空冷到室温。回火分为三类:

① 低温回火

在 150℃~250℃的回火称为低温回火,所得组织为回火马氏体。其目的是降低淬火应力,减少钢的脆性,并保持钢的高硬度。

② 中温回火

在 350℃～500℃的回火称为中温回火,所得组织为回火屈氏体,其目的是获得高的弹性极限,同时有较高的韧性。

③ 高温回火

在 500℃～650℃的回火称为高温回火,所得组织为回火索氏体,其目的是获得既有一定强度、硬度,又有良好冲击韧性的综合力学性能。通常把淬火后经高温回火的热处理称为调质处理。

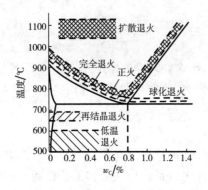 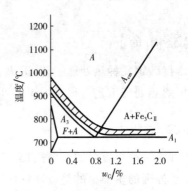

图 4-1　退火和正火加热温度　　　　图 4-2　淬火加热温度

2. 保温时间

为了使工件内外各部分温度均达到指定温度,并完成组织转变,使碳化物溶解和奥氏体成分均匀化,必须在加热温度下保温一定的时间。通常将工件升温和保温所需时间,统称为加热时间。

热处理加热时间必须考虑许多因素,例如:工件的尺寸和形状、使用的加热设备及装炉量、装炉时炉子的温度、钢的成分、原始组织、热处理目的和组织性能要求等。具体保温时间可参考热处理手册。实际工作中多根据经验大致估算加热时间。一般规定,在空气介质中,升到规定温度后的保温时间,对于碳钢,按工件厚度每毫米 1～1.5min 估算;合金钢按每毫米 2～2.5min 估算;在盐浴炉中,保温时间则可缩短 1～2倍。淬火后回火保温时间,要保证工件热透,使组织充分转变,一般为 1～3 小时,实验时可酌情减少。

3. 冷却方式和方法

热处理时的冷却方式要适当,才能获得所要求的组织和性能。退火一般采用随炉冷却,正火采用空气冷却,大件可采用吹风冷却。淬火冷却方法非常重要。一方面冷却速度要大于临界冷却速度,以保证全部得到马氏体组织;另一方面在 Ms 以下尽可能缓慢冷却,以减少内应力,防止工件变形和开裂。为了解决上述矛盾,可以采用不同的冷却介质和方法,使淬火工件在奥氏体最不稳定的温度范围内(650℃～550℃)快速(大于 Vc)冷却,而在 Ms 点以下温度时较慢冷却。理想的冷却速度如图 4-3 所示。常用的淬火方法有单液淬火、双液淬火(先水冷后油冷)、分级淬火、等温淬火等。合金钢常用油冷。

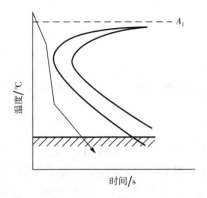

图 4-3 理想淬火冷却速度

【实验材料及设备】

(1) 材料:① 45 钢:试样尺寸 $\phi 30 \times 20$ mm;
② 45 钢:试样尺寸 $\phi 10 \times 15$ mm。

(2) 主要设备:箱式电阻炉、砂轮机、布氏硬度计、洛氏硬度计、淬火水槽、淬火油槽、读数显微镜、热处理钳等。

【实验内容与步骤】

(1) 全班分若干组,每组领一套试样,打上钢号,以免混淆。

(2) 将 2 个 $\phi 30 \times 20$ mm 试样加热到 840℃ 保温 30min 后,1 个随炉冷却 1 个空冷。

(3) 将 5 个 $\phi 10 \times 15$ mm 试样加热到 840℃ 保温 20min 后,4 个水冷 1 个油冷。

(4) 分别将 3 个水冷后的试样进行 180℃、420℃、600℃ 加热保温 1 小时后空冷。

(5) 将热处理后的试样,在砂轮上打磨除去氧化皮,退火正火试样测布氏硬度,淬火回火试样测洛氏硬度,每个试样测三点,取其平均值。45 钢不同热处理后的性能及显微组织如表 4-1 所示。

表 4-1 45 钢不同热处理后的性能及显微组织

编 号	热处理工艺	洛氏(HRC)硬度或布氏(HB)硬度				显微组织
		1	2	3	平均	
1	840℃退火					
2	840℃正火					
3	840℃水淬					
4	840℃油冷					
5	840℃水淬+180℃回					
6	840℃水淬+420℃回					
7	840℃水淬+600℃回					

【实验报告要求】

(1)整理实验数据,将测定的硬度值列表。

(2)结合所学的理论知识,分析热处理工艺对材料组织和性能的影响。

【实验注意事项】

为确保人身安全,在装样、取样时必须切断电炉电源。

(1)在装样、取样时必须使用夹钳,且夹钳要擦干,不得沾有油或水。

(2)试样从炉中取出淬火时,动作要迅速,并要在冷却介质中不断搅动,以免影响淬火质量。

(3)测量硬度前一定要将试样表面的氧化皮去除并磨光。

(4)实验完毕后,切断电源,以防设备事故。

实验五　二元合金显微组织观察与分析

【实验目的】

(1)结合相图熟悉几种典型的二元合金铸态组织。

(2)学会绘制二元合金显微组织示意图。

【实验说明】

二元合金的铸态显微组织可以是一种相组成的单相组织,也可以是几种相组成的复合组织。首先应根据合金的成分查找相应的相图,并从相图上分析合金在平衡冷却条件下可能出现的相组成物及组织组成物。典型二元合金的铸态显微组织可分为以下几类:

1. 匀晶固溶体合金的显微组织

具有匀晶转变的合金相图,只有两条线(液相线和固相线)所分隔开的两个单相区和一个双相区(液、固相共存区)。例如 Cu－Ni、Au－Ag、Fe－Cr 合金等。这类合金在平衡冷却条件下的室温组织均为单相固溶体。其显微形态表现为一个个的晶粒及晶界。但在非平衡冷却时单相固溶体常呈树枝形态,且先结晶的树枝主干中含有较多的高熔点组元,而后结晶的枝晶间隙的成分不同于主干的成分,如组织示意图(1)所示。为了消除晶内偏析,可将合金在 100℃～200℃长时间退火,从而使偏析元素通过扩散达到均匀化,如组织示意图(2)所示。

2. 具有共晶转变的合金的显微组织

二元合金系若在液态无限互溶、固态有限互溶并发生共晶反应时的相图称为共晶相图,如 Pb－Sn、Pb－Sb、Al－Si、Al－Cu、Zn－Mg 等二元合金。其平衡条件下的室温组织中除有共晶体外,还有初生相及析出的第二相质点。共晶体的形态随其组成相的本质、冷却速度及相对量的不同可表现出层片状、棒状、球状、针状、螺旋状等多种特征。下面以 Pb－Sn 系合金(如图 5－1 所示)为例,分析其固溶体、共晶、亚共晶和过共晶等不同成分的结晶过程及结晶后所形成组织特征。

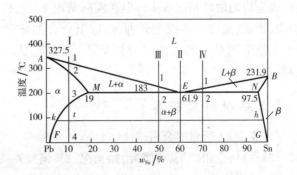

图 5－1　Pb－Sn 合金相图

（1）含 Sn 量小于 19％的固溶体合金

由图 5-1 可知，含小于 19％Sn 的合金 Ⅰ 缓慢冷却到 1 点时，首先从液相中结晶出 α 固溶体初生相，继续冷却到 2 点时，全部结晶出 α 固溶体，2 到 3 点时，α 固溶体不变化，温度下降到 3 点以下时，由于 Sn 在 α 中固溶度下降，剩余 Sn 以 β 固溶体的形式析出，这种固溶体成为次生相，用 $β_Ⅱ$ 表示。一般合金的次生相常呈粒状或小条状分布在 α 固溶体的晶界或晶内。组织示意图（3）所示为合金 Ⅰ 显微组织，黑色基体为 α 相，白色颗粒为 $β_Ⅱ$ 相。

（2）共晶合金

含 61.9％Sn 的 Pb－Sn 合金为共晶合金，如合金 Ⅱ。当液态金属缓慢冷却到 E 点时，发生共晶反应，得到层片状（α＋β）共晶体组织，继续冷却，将从 α 和 β 中分别析出次生相 $β_Ⅱ$ 和 $α_Ⅱ$，这种次生相在显微镜下难以辨认，如组织示意图（5）所示。

（3）亚共晶和过共晶合金

含 19％Sn～61.9％Sn 的合金为亚共晶合金，含 61.9％Sn～97.5％Sn 的合金为过共晶合金。

如合金 Ⅲ 在 1－2 点之间缓慢冷却时结晶出 α 固溶体，到达共晶温度 2 点时，发生共晶反应，液相全部转变为共晶组织，此时，亚共晶合金组织为先共晶 α 和共晶体（α＋β）。继续冷却，将分别从 α 和 β 中析出 $β_Ⅱ$ 和 $α_Ⅱ$。在显微镜下，从先共晶 α 晶内析出的 $β_Ⅱ$ 有可能被观察到外，共晶组织中析出的 $α_Ⅱ$ 和 $β_Ⅱ$ 一般不易辨认，如组织示意图（4）所示。

过共晶合金的结晶过程与亚共晶相似如合金 Ⅳ，只是先共晶出 β 相，结晶后组织由初生相 β 和共晶体（α＋β）组成。合金 Ⅳ 显微组织如组织示意图（6）所示。

其他几种二元合金的共晶体见组织示意图（7）～组织示意图（11）所示。

3. 具有包晶转变合金的显微组织

二元合金系液态时无限互溶、固态时有限互溶，并发生包晶反应时，形成包晶相图。如 Fe－Fe_3C、Fe－Mn、Fe－Ni 系等。包晶是新相包围先析出相而形成的，如图 5-2 所示。由相图可知，具有包晶成分的合金，在平衡冷却条件下，其初生相应在转变中全部耗尽成为均匀的单相固溶体。但在实际情况下，由于冷却较快，包晶转变不能充分进行，以至合金的显微

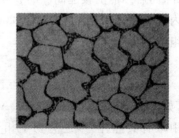

图 5-2　包晶组织（100×）

组织不能呈现单一均匀的固溶体形态，且在包晶转变的新相中保留着一些残存的初生相。

【实验材料及设备】

（1）表 5-1 所列的金相试样。

（2）材料：金相砂纸、研磨膏、抛光呢、4％硝酸酒精、酒精、脱脂棉等。

（3）主要设备：金相显微镜、抛光机、电吹风等。

表 5-1 不同成分的二元合金显微组织

编 号	合金成分	处理状态	显微组织	浸蚀剂	放大倍数
1	Cu—65%Ni	铸态	固溶体(晶内偏析)	4%硝酸酒精	100
2	Cu—65%Ni	扩散退火	固溶体(等轴晶)	4%硝酸酒精	500
3	Pb—10%Sn	铸态	固溶体	4%硝酸酒精	100
4	Pb—50%Sn	铸态	亚共晶	4%硝酸酒精	500
5	Pb—61.9%Sn	铸态	共晶	4%硝酸酒精	500
6	Pb—70%Sn	铸态	过共晶	4%硝酸酒精	100
7	Pb—Sb	铸态	共晶	4%硝酸酒精	500
8	Cn—P	铸态	共晶	4%硝酸酒精	500
9	Al—Si	铸态	共晶	4%硝酸酒精	500
10	Al—Cu	铸态	共晶	4%硝酸酒精	500
11	Mg—Zn	铸态	共晶	4%硝酸酒精	500

【实验内容及步骤】

在显微镜下观察所给试样的组织示意图。

【实验报告要求】

观察并绘制组织示意图,并在图上标出组织,在图下注明合金成分、处理状态、浸蚀剂和放大倍数,说明显微组织形貌特征。

组织示意图(1)

组织示意图(2)

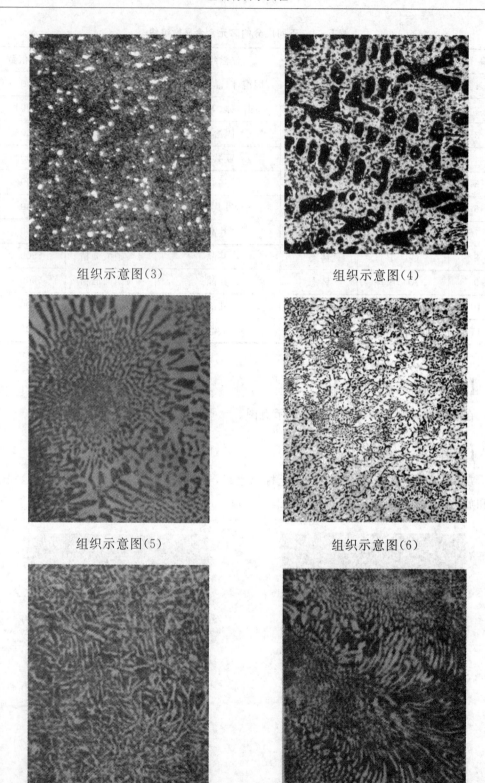

组织示意图(3)

组织示意图(4)

组织示意图(5)

组织示意图(6)

组织示意图(7)

组织示意图(8)

组织示意图(9)

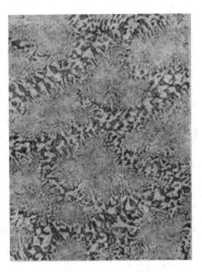

组织示意图(10)

组织示意图(11)

实验六　金属凝固组织观察与分析

【实验目的】

了解金属凝固组织的特征及其影响因素

【实验说明】

金属凝固组织的形貌随结晶条件的变化具有不同的特征。如铸锭组织和焊缝组织分别在铸模和焊缝熔池中结晶,因此两者形貌有较大的差异。其各自特点如下:

1. 金属铸锭组织

金属铸锭的典型组织由三个晶区组成:紧靠模壁的表层细等轴晶区、垂直于模壁生长的次层柱状晶区和中心的等轴晶区,如组织示意图(1)所示。但在实际情况下,当浇铸条件变化时,三个晶区的宽窄也随之发生变化,有时甚至只呈现两个或一个晶区,如组织示意图(2)～(10)所示。

金属铸锭组织的表层细等轴晶区很薄,对铸锭性能影响不大。次表层沿不同方向平行延伸的柱状晶相邻及相遇处,富集着易熔杂质与非金属夹杂物,形成铸锭脆弱的结合面,当铸锭进行锻轧加工时,常由这里开裂。中心等轴晶区无择优取向,晶粒之间紧密结合,有利于铸锭性能的提高。因此,除了一些塑性较好的有色金属为利用柱状晶内气孔和疏松较少的特性而希望获得柱状晶外,一般尽量限制柱状晶的发展,以获得更多的细小等轴晶。

根据需要,可以通过改变结晶条件来控制三晶区的宽窄和晶粒粗细。细化晶粒的基本途径是形成足够数量的晶核及限制晶核的长大。

(1)改变铸模的冷却能力

提高铸模的冷却能力,可使结晶过程中的温度梯度增大,加速柱状晶区的发展。但当铸模冷却能力很大而体积又很小时,由于液态金属在较大的过冷度下结晶,液态金属中将产生大量晶核,以至获得全部细等轴晶。如果降低铸锭的冷却能力,会使温度梯度减小,则有利于中心等轴晶的扩大。通常采用金属模代替砂模或减少模壁厚度的方法来提高铸模的冷却能力;采用将金属模预热,达到降低铸模冷却能力的目的。

(2)改变形核条件

在液态金属中加入变质剂,增加非均匀形核的核心,可使中心等轴晶扩大并使晶粒细化;采用过热方式,将液态金属中难熔质点的"活性"去除,导致非均匀形核的核心数目减少,可获得较粗大的等轴晶区。

(3)改变液态金属的状态

加强液态金属在铸模中的运动(如应用电磁搅拌、机械振动、加压浇注等方法),一方面可使已生长的晶粒因破碎而细化,另一方面破碎的枝晶碎片又成为新的晶核,促使晶粒变细,从而有利于细等轴晶的发展。

2. 焊缝金属的结晶组织

焊缝金属的结晶组织具有连接长大及柱状晶的特征。在一般焊接条件下,焊缝不出现等轴晶,只有在特殊条件下(如大断面焊缝的中心或上部),才会出现少量等轴晶。所谓连接长大,是指焊缝金属的晶粒与熔合线附近的母材热影响区的晶粒相连接并保持着同一晶轴。

焊缝金属的结晶组织与金属铸锭的结晶组织之所以存在着明显的差异,是因为两者的结晶条件不同所致。如焊缝熔池的体积比铸锭的体积小得多,所以焊缝金属结晶时的冷却速度比铸锭金属结晶时的冷却速度大得多;焊缝熔池中的液态金属的过热温度比铸锭中液态金属高得多,因此熔池的结晶一般都在很大的温度梯度下进行。

【实验材料及设备】

(1)材料:低碳钢焊缝试样、工业纯铝块、变质剂(氧化铝)、金相砂纸、研磨膏、抛光呢、20%氢氧化钠水溶液、王水(3份盐酸、1份硝酸)、酒精等。

(2)主要设备:加热炉、坩埚、铸铁模、砂模、电吹风、夹钳手锯、30倍放大镜等。

【实验内容与步骤】

(1)分组铸出表6-1中给定条件下的铝锭(铸模尺寸:内长50mm,高100mm)。

① 各组将铝块放入坩埚炉内,在电炉内加热使之熔化;

② 使熔化的金属铝保持表中规定的浇注温度,然后将坩埚从电炉中夹出,并迅速将铝液注入铸模内(注意熔渣不要注入模内);

③ 将冷却后的铝锭从模中取出,用手锯截其模断面,并将断面用锉刀锉平。

(2)观察铝锭的组织。

① 用200号、400号金相砂纸将锉平的模断面磨光;

② 将铝锭放入20%氢氧化钠水溶液浸泡10分钟取出,用水冲洗干净,酒精洗擦吹干;并置于王水中进行浸蚀,待铝锭组织清晰显露出来时为止,然后立即用水清洗、用酒精洗擦、吹干;

③ 用放大镜(或肉眼)逐块观察分析组织的变化。

(3)用放大镜观察低碳钢的焊缝浸蚀后的宏观组织。

表6-1　铝锭的不同浇注条件及组织特征

编　号	铸模材料		铸模厚度	铸模温度	浇注温度	组　织	备　注
	模壁	模底	(mm)	(℃)	(℃)		
1	钢	钢	3	水冷	900	三晶带	
2	钢	钢	10	室温	780	柱状晶 (柱晶间界)	

（续表）

编　号	铸模材料		铸模厚度（mm）	铸模温度（℃）	浇注温度（℃）	组　织	备　注
	模壁	模底					
3	钢	钢	10	室温	780	柱状晶＋等轴晶（柱晶间界）	
4	钢	钢	10	室温	780	柱状晶＋等轴晶（柱晶间界）	
5	钢	钢	10	室温	780	细小等轴晶	变质剂
6	钢	耐	10	室温	780	柱状＋等轴晶	
7	钢	耐	10	室温	780	柱状晶＋等轴晶	
8	耐	钢	10	室温	780	柱状晶	
9	耐	耐	10	500	780	等轴粗晶	
10	耐	耐	10	室温	780	细小等轴晶	变质剂

【实验报告要求】

（1）画出不同浇铸条件下纯铝锭的宏观组织示意图，说明其组织特点及形成原因。

（2）根据结晶条件分析焊缝组织与一般铸锭的组织有何差异，并简述其原因。

【实验注意事项】

（1）浇注时对准模子连续注入，不能断续或停歇，如铝液中有熔渣，必须用铁板挡住，不能使其进入模内。

（2）浸蚀时要在烟橱中进行，注意安全，千万不要将浸蚀剂溅到衣服和皮肤上。

组织示意图（1）

组织示意图（2）

组织示意图(3)

组织示意图(4)

组织示意图(5)

组织示意图(6)

组织示意图(7)

组织示意图(8)

组织示意图(9)

组织示意图(10)

实验七　铁碳合金平衡组织观察与分析

【实验目的】

(1)熟悉铁碳合金在平衡状态下的显微组织特征。

(2)了解由平衡组织估算亚共析钢含碳量的方法。

【实验说明】

研究铁碳合金的平衡组织是分析钢铁材料性能的基础。所谓平衡组织,是指合金在极其缓慢冷却条件下得到的组织,如图 7-1 所示。

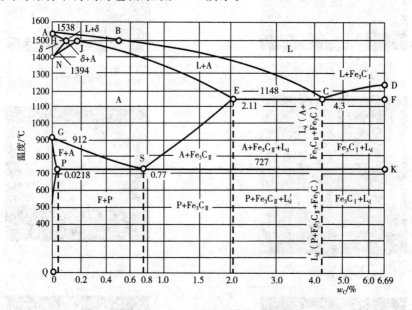

图 7-1　Fe—Fe₃C 平衡组织相图

由 Fe—Fe₃C 相图可以看出,铁碳合金的室温平衡组织均由铁素体、渗碳体[又分从液体中直接析出的一次渗碳体(Fe_3C_I);从奥氏体中析出的二次渗碳体(Fe_3C_{II});从铁素体中析出的三次渗碳体(Fe_3C_{III})]两个基本相所组成,但对不同含碳量的铁碳合金,由于铁素体和渗碳体的相对数量、析出条件、形态与分布不同,从而使各类铁碳合金在显微镜下表现出不同的组织形貌。

1. 工业纯铁

工业纯铁是指含碳量低于 0.02% 的铁碳合金,其显微组织由铁素体和三次渗碳体所组成。经 4% 硝酸酒精溶液浸蚀后铁素体晶粒呈亮白色块状,晶粒和晶粒之间显出黑线状的晶界。三次渗碳体呈不连续的小白片位于铁素体的晶界处。

2. 共析钢

共析钢是指含碳量为 0.77% 的铁碳合金。共析钢的显微组织全部由珠光体组成。在平衡条件下,珠光体是铁素体和渗碳体的片状机械混合物,经 4% 硝酸酒精溶液浸蚀后,其铁素体和渗碳体均为亮白色;在较高放大倍数时(600 倍以上),能看到珠光体中片层相间的宽条铁素体和细条渗碳体,且两者相邻的边界呈黑色弯曲的细条。由于珠光体中铁素体与渗碳体的相对量相差较大,按照杠杆定律可计算出两者相对量的比约为 8∶1,从而形成了铁素体片比渗碳体片宽得多的特征。在中等放大倍数下(400 倍左右),因显微镜的分辨能力不够,珠光体中的渗碳体两侧边界合成一条黑线。在放大倍数更低的情况下(200 倍左右),铁素体与渗碳体的片层都不能分辨,此时珠光体呈暗黑色模糊状。

3. 亚共析钢

亚共析钢是指含碳量为 0.02%~0.77% 之间的铁碳合金。亚共析钢的显微组织是由先共析铁素体(呈亮白色块状)与珠光体(呈暗黑色)组成。随着含碳量增加,组织中铁素体量逐渐减少,而珠光体量不断增加。当含碳量大于 0.60% 时,铁素体由块状变成网状分布在珠光体周围。

根据亚共析钢的平衡组织还可用下式估算碳的百分数:

$$C\% = K\% \times 0.77\%$$

式中:$C\%$——钢的含碳量;

$\quad$ $K\%$——显微组织中珠光体所占视域面积的百分数;

$\quad$ 0.77%——珠光体的含碳量

4. 过共析钢

过共析钢是指含碳量为 0.77%~2.11% 之间的铁碳合金。过共析钢的显微组织是由珠光体和二次渗碳体所组成。随着含碳量的增加,二次渗碳体量增多。经 4% 硝酸酒精浸蚀后,二次渗碳体呈亮白色网分布在珠光体周围。若经苦味酸钠溶液煮沸浸蚀后,则二次渗碳体网呈黑褐色,铁素体网仍呈白亮色。在显微分析中,常用此法来区分铁素体网和渗碳体网。

5. 共晶白口铸铁

共晶白口铸铁是指含碳量为 4.3% 的铁碳合金。共晶白口铸铁在室温下的显微组织为变态莱氏体。经 4% 硝酸酒精溶液浸蚀后,其显微组织特征为暗黑色粒状或条状珠光体分布在亮白色渗碳体的基体上。

6. 亚共晶白口铸铁

亚共晶白口铁是指含碳量为 2.11%~4.3% 之间的铁碳合金。亚共晶白口铁的室温组织由珠光体、二次渗碳体和变态莱氏体所组成。经 4% 硝酸酒精浸蚀后,其显微组织特征为暗黑色的树枝状的珠光体(保留着初生奥氏体的树枝晶形态)被一圈白色二次渗碳体所包围,在其周围分布变态莱氏体。

7. 过共晶白口铸铁

过共晶白口铁是指含碳量大于 4.3% 的铁碳合金。过共晶白口铁在室温下的显微组织为白色长条状的一次渗碳体分布在变态莱氏体基体上。

【实验材料及设备】

(1)表7-1所列金相试样。

(2)材料:金相砂纸、研磨膏、抛光呢、4%硝酸酒精、过饱和苦味酸钠水溶液、酒精、脱脂棉等;

(3)主要设备:金相显微镜、抛光机、电吹风等。

【实验内容与步骤】

(1)在显微镜下观察表7-1中铁碳合金的显微组织;

(2)估测的未知含碳量的亚共析钢中珠光体所占视场面积的百分数,根据公式算出该钢的含碳量。

表7-1 不同含碳量的铁碳合金

编 号	材 料	处理状态	显微组织	浸蚀剂	放大倍数
1	工业纯铁	退 火	$F + 少量 Fe_3C_{III}$	4%硝酸酒精	400
2	20 钢	退 火	$F + P$	4%硝酸酒精	400
3	35 钢	退 火	$F + P$	4%硝酸酒精	400
4	45 钢	退 火	$F + P$	4%硝酸酒精	400
5	60 钢	退 火	$F + P$	4%硝酸酒精	400
6	T8 钢	退 火	P	4%硝酸酒精	400
7	T12 钢	退 火	$P + Fe_3C_{II}$	4%硝酸酒精	400
8	T12 钢	退 火	$P + Fe_3C_{II}$	苦味酸钠水溶液	400
9	亚共晶白口铁	铸 态	$P + L'd + Fe_3C_{II}$	4%硝酸酒精	100
10	共晶白口铁	铸 态	$L'd$	4%硝酸酒精	100
11	过共晶白口铁	铸 态	$L'd + Fe_3C_I$	4%硝酸酒精	100

【实验报告要求】

(1)画出表中各成分合金的显微组织示意图,并在图上标出组织,在图下面注明材料、处理状态、浸蚀剂和放大倍数,说明显微组织形貌特征。

(2)估算出未知成分的亚共析钢含碳量。

(3)讨论在平衡状态下铁碳合金的组织和含碳量的关系,并从定性和定量两方面加以分析。

(4)制表写出亚共析钢、共析钢和过共析钢的相组成物和组织组成物。

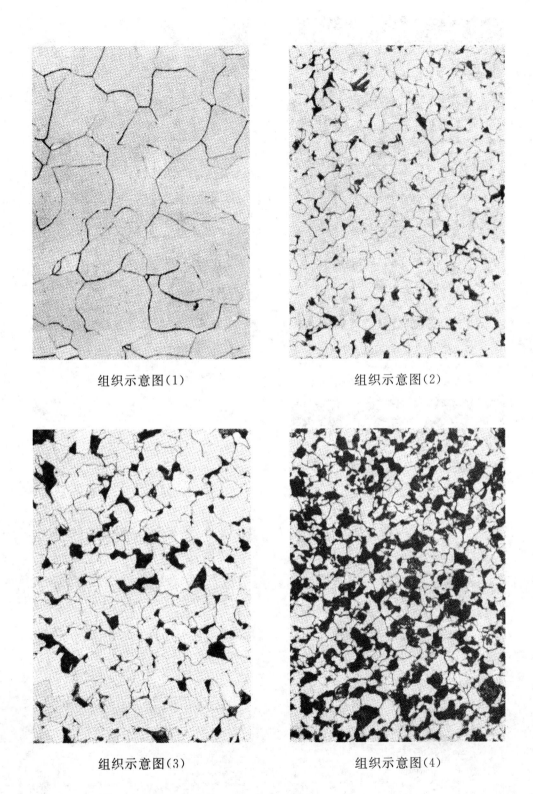

组织示意图(1)

组织示意图(2)

组织示意图(3)

组织示意图(4)

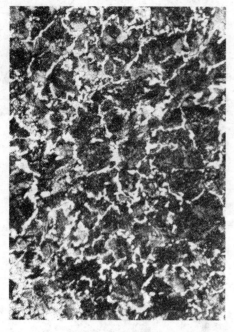

组织示意图(5)

组织示意图(6)

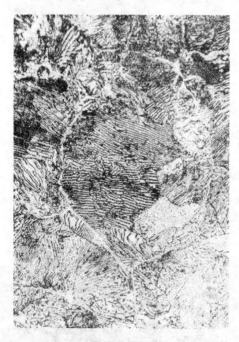

组织示意图(7)

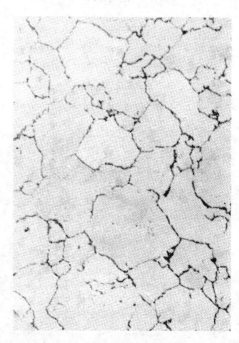

组织示意图(8)

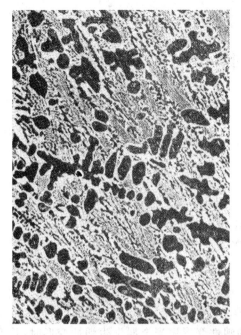

组织示意图(9)

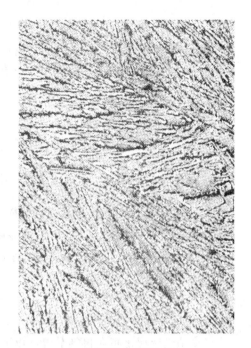

组织示意图(10)

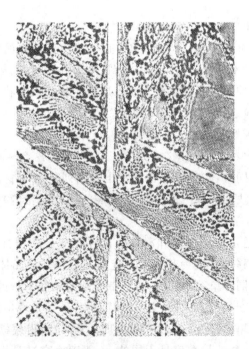

组织示意图(11)

实验八　金属冷塑性变形与再结晶

【实验目的】

(1)了解金属冷塑变形后的显微组织特征。

(2)了解冷塑变形后的金属在加热时显微组织的变化。

(3)研究冷塑变形量对再结晶晶粒大小的影响。

【实验说明】

1. 金属冷塑性变形后的显微组织

金属冷塑性变形是指在再结晶温度以下的塑性变形。当金属发生塑性变形时,其宏观现象是外形和尺寸发生了永久性的改变;微观现象是金属的显微组织形貌和晶体缺陷发生了变化。

(1)晶粒外形的变化

观察金属拉伸试样可以发现,随着形变的进行,晶粒沿试样的拉力轴方向逐步伸长。当变形量很大时,晶粒已不能分辨而呈纤维状;在单向压缩时,晶粒随试样的压缩而逐渐沿垂直于压力轴的方向伸展直至变成圆片状。形变中各晶粒形状的变化也是不均匀的,在复相合金中,异相晶粒之间的差异更为突出。如低碳钢经拉伸后晶粒都沿拉伸方向伸长,但较硬的珠光体比较软的铁素体变化小。

(2)晶粒内部的变化

在晶粒外形变化的同时,晶粒内部也呈现出一系列复杂的变化,除产生在金相显微镜下不易观察到的亚晶块和各种结构缺陷(如位错、空位、层错等)外,还出现了易于观察的滑移带或孪晶带。

为了观察滑移带,通常将已抛光并浸蚀的试样经适量的塑性变形后再进行显微观察。在金相显微镜下滑移带表现为晶粒内不连续的黑线条。晶体的滑移类型不同所呈现出的滑移带形貌也不同。单系滑移时,滑移带表现为相互平行的直线;多系滑移时,滑移带表现为两组或多组交叉的直线;而交滑移时,滑移带则呈现出曲折或波纹状的形貌。通常在冷变形量小时,滑移带较清晰;变形量大时,滑移带变得模糊不清。

注意:在显微镜下滑移带与磨痕是不同的,一般磨痕穿过晶界,其方向不变,而滑移带出现在晶粒内部,并且一般不穿过晶界。

当形变以孪生方式进行时,出现在晶粒内部的孪晶有直线状及透镜状,它们是互相平行或镜状的两条线(即组织中的孪晶界),使晶体的变形部分与未变形部分分开。

2. 冷塑性变形后金属加热时的显微组织变化

经冷塑性变形后的金属,在加热时随加热温度的升高会发生回复、再结晶和晶粒长大。所谓回复即在较低的温度加热时,仅有金属中一些点缺陷和位错的迁移而引起的某些晶内变化。这时由于原子活动能力较低,金属的晶粒大小及形状无明显变化。当加热温度较高时,原子活动能力增大,此时晶粒外形开始发生变化。首先在形变大的部位形成细小的等轴晶核,而后这些晶核依靠消除原来伸长的晶粒而长大,最后原来伸长的晶粒全部被新的等轴晶粒所代替。这一形核及长大的过程称之为再结晶。通常规定在 1 小时内再结晶完成 95％所对应的温度为再结晶温度。图 8-1 是纯铝经不同变形量变形,然后在 560℃退火 30min 的组织。

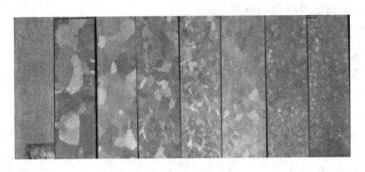

图 8-1　纯铝经不同变形量变形,然后在 560℃退火 30min 的组织

变形量(从左至右):1％、2.2％、3.8％、5.6％、6.8％、7.5％、9.9％、12％

浸蚀剂:王水

大量实验结果表明,纯金属再结晶温度 $T_{再}=0.4T_{熔}$,T 为绝对温度。再结晶完成以后,若继续保温或提高再结晶温度,则相邻晶粒会逐步吞并而长大。加热温度越高,晶粒越大。当再结晶退火加热温度一定时,再结晶后的晶粒大小与变形度之间的关系如图 8-2 所示。当变形度很小时,晶粒大小基本不变;当变形度增加到一定量时,再结晶退火后得到极为粗大的晶粒。对应于这一粗大晶粒的变形度称为临界变形度。超过临界变形度后,变形越大,则再结晶后的晶粒越细。但当变形度太大(约≥90％)时,再结晶后的晶粒又可能急剧长大,这与织构的形成有关。

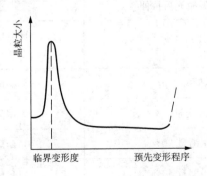

图 8-2　再结晶晶粒与预变形度的关系

【实验材料及设备】

(1)表 8-1 所列金相试样及相应的金相挂图。

(2)表 8-2 所列金相试样及相应的金相挂图。

(3)工业纯铝片一套(试样尺寸 200×10×1mm)。

(4)研磨膏、抛光呢、20%氢氧化钠水溶液、王水、4%硝酸酒精、酒精、脱脂棉等。

(5)主要设备:拉伸机、金相显微镜、加热炉、抛光机、电吹风等。

【实验内容与步骤】

(1)观察纯金属的滑移带和形变孪晶形貌。

(2)观察纯铁、黄铜经不同变形后组织。

(3)观察纯铁、黄铜经变形再结晶后的组织。

(4)拉伸纯铝片至不同变形量;然后在 560℃加热保温半小时空冷;浸入 20%NaOH 水溶液数分钟后,用水冲洗吹干;再在王水中腐蚀数秒,显示出晶粒。

(5)观察腐蚀后的铝片晶粒,用定量金相法测出晶粒尺寸。

以上实验可分两次完成。

【实验报告要求】

(1)绘出不同程度变形后纯铁的组织示意图,分析其特征。

(2)绘出纯铁、黄铜再结晶退火后组织示意图,说明其特征并分析再结晶温度对组织的影响,讨论铁和铜再结晶后的组织区别。

(3)绘出铝再结晶晶粒尺寸—形变量曲线,分析规律,找出临界变形量。

(4)问答:化学成分相同的材料,其再结晶温度为什么不是一个固定值?

表 8-1　金属的形变组织

编　号	金属及处理状态	浸蚀剂	放大倍数
1	纯铁,机械抛光浸蚀后拉伸	拉伸前 4%硝酸酒精浸蚀	200
2	纯铝,电解抛光后拉伸	—	200
3	纯锌	HNO_3：Cl 1：1	80
4	纯铁,低温锤击	4%硝酸酒精	200
5	纯铁,形变量 0%	4%硝酸酒精	160
6	纯铁,压缩量 20%	4%硝酸酒精	200
7	纯铁,压缩量 40%	4%硝酸酒精	200
8	纯铁,压缩量 68%	4%硝酸酒精	200

表 8-2　冷变形金属的再结晶组织

编　号	金属及处理状态	浸蚀剂	放大倍数
9	纯铁,压缩量 68%,530℃,1 小时	4%硝酸酒精	200
10	纯铁,压缩量 68%,560℃,12 分钟	4%硝酸酒精	200
11	纯铁,压缩量 68%,560℃,42 分钟	4%硝酸酒精	200
12	纯铁,压缩量 68%,630℃,1 小时	4%硝酸酒精	200
13	纯铁,压缩量 68%,700℃,2 小时	4%硝酸酒精	200
14	纯铁,压缩量 68%,750℃,1 小时	4%硝酸酒精	200
15	α 黄铜,压缩量 60%	20%过硫酸铵酒精溶液	200
16	α 黄铜,压缩量 60%,270℃,30 分钟	20%过硫酸铵酒精溶液	200
17	α 黄铜,压缩量 60%,350℃,30 分钟	20%过硫酸铵酒精溶液	200
18	α 黄铜,压缩量 60%,550℃,30 分钟	20%过硫酸铵酒精溶液	200
19	α 黄铜,压缩量 60%,750℃,30 分钟	20%过硫酸铵酒精溶液	200

组织示意图(1)

组织示意图(2)

组织示意图(3)

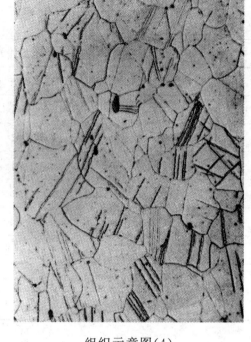

组织示意图(4)

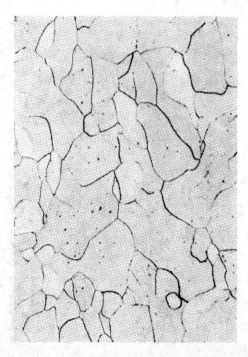

组织示意图(5)

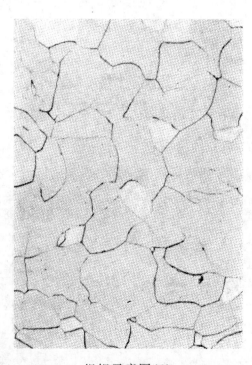

组织示意图(6)

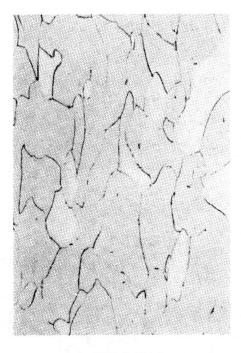

组织示意图(7)

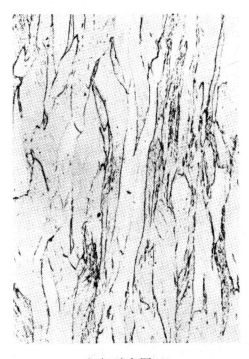

组织示意图(8)

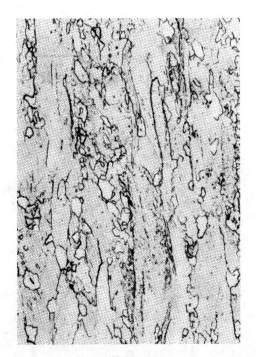

组织示意图(9)

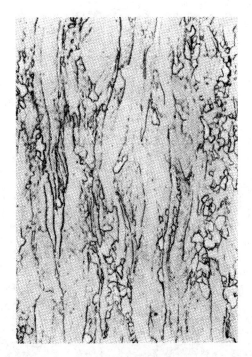

组织示意图(10)

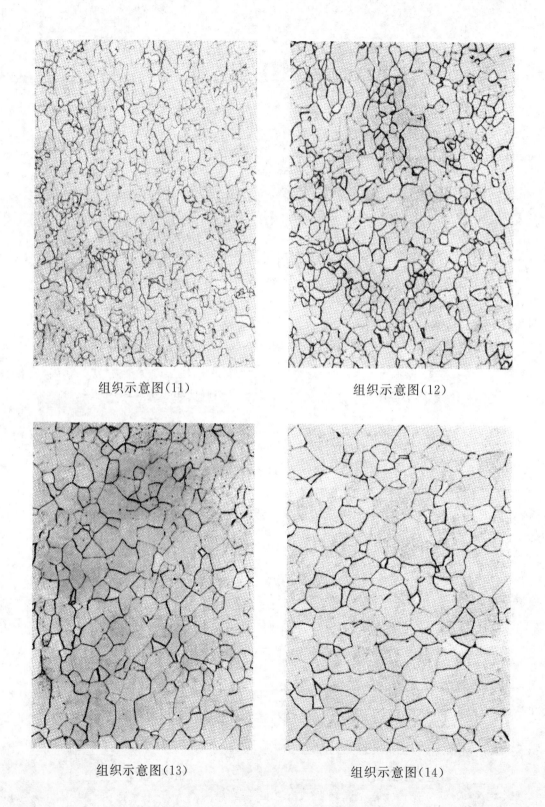

组织示意图(11)

组织示意图(12)

组织示意图(13)

组织示意图(14)

组织示意图（15）

组织示意图（16）

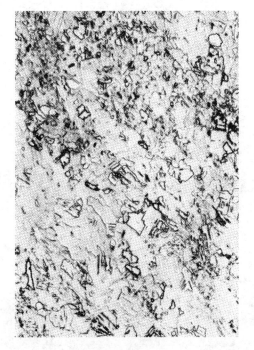

组织示意图（17）

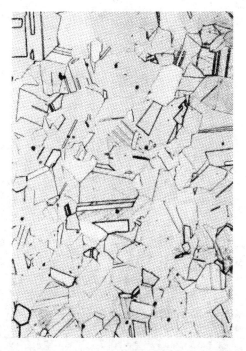

组织示意图（18）

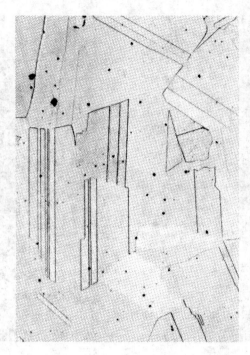

组织示意图(19)

实验九　碳钢热处理后基本组织观察与分析

【实验目的】

(1)熟悉碳钢经不同方式热处理后的显微组织特征。

(2)了解热处理工艺对组织的影响。

【实验说明】

碳钢经不同方式热处理后可获得不同的显微组织,如在退火或正火后可得到接近于平衡的组织,而在淬火后得到的是不平衡的组织。研究碳钢热处理后的组织,除参考铁碳合金相图外,主要根据过冷奥氏体等温转变曲线——C曲线来确定。

本实验所观察的碳钢经不同方式热处理后,其显微组织的基本特征如下。

1. 退火和正火后的组织

亚共析成分的碳钢(如45钢)经完全退火后可得到类似平衡态的组织,即由片层珠光体和铁素体组成。经正火后的组织要比退火的组织细,称为屈氏体和索氏体,其珠光体的相对含量也比退火组织中的多,这是由于正火的冷却速度比退火的冷却速度快的缘故。如果加热温度过高,产生过热组织,冷却后出现魏氏体组织。

过共析成分的碳素工具钢,一般需要进行球化退火。经球化退火后组织中的渗碳体由片状转变为颗粒状,并均匀地分布在铁素体的基体上。具有这种特征的组织又称为球状(或粒状)珠光体。

2. 碳钢等温淬火后的组织

将过冷奥氏体在C曲线鼻端与马氏体转变点 M_s 之间的温度范围内进行等温淬火(例如T10钢在270℃～380℃范围内等温)可获得贝氏体组织。贝氏体也是铁素体和渗碳体的机械混合物,但其组织形态不同于珠光体。在中碳钢和高碳钢中,贝氏体有两种典型形态。

(1)上贝氏体

上贝氏体是在珠光体转变区稍下的温度等温形成的。在光学显微镜下可以观察到成束的铁素体向奥氏体晶内伸展,呈现羽毛状的特征。在电子显微镜下则可观察到在铁素体板条之间分布着沿铁素体长轴方向延伸的、断续的、短杆状渗碳体。

(2)下贝氏体

下贝氏体是在马氏体转变点 M_s 稍上的温度形成的。在光学显微镜下呈现灰黑色针状或竹叶状。在电子显微镜下观察,下贝氏体内碳化物呈细棒状,其排列方式与铁素体的长轴方向成55°～65°夹角。

3. 碳钢的淬火组织

钢经过淬火可获得马氏体组织。马氏体是过冷奥氏体在马氏体点 M_S 以下的转变产物，是碳在 α—Fe 中的过饱和固溶体。淬火钢中的马氏体其组织形态有两种：

（1）片状马氏体

片状马氏体主要出现在高碳钢的淬火组织中，又称高碳马氏体。在光学显微镜下片状马氏体呈针状或竹叶状，叶片互不平行呈一定角度，其立体形态为双凸透镜状。马氏体的粗细程度取决于淬火加热程度。例如 T10 钢在加热温度较低时淬火（如 760℃），在光学显微镜下只能观察到隐约的针状马氏体，称之为隐针马氏体；在加热温度稍高的情况下淬火（如 820℃），可见到短针状的马氏体；若将淬火加热温度提高到 1000℃，此时由于奥氏体晶粒粗大，从而获得粗大的针状马氏体。

（2）板条马氏体

板条马氏体主要出现在低碳钢的淬火组织中，又称低碳马氏体。在光学显微镜下，板条马氏体为一束束相互平行的细长条状。在一个奥氏体晶粒内可有几束不同取向的马氏体群，且束与束之间有较大的位向差。在奥氏体成分均匀的情况下，对于含碳量为 0.5% 左右的中碳钢，淬火时也可以得到板条马氏体。例如 45 钢在高温下（1250℃）加热淬火，获得的是板条马氏体组织。

淬火组织中总会有一定数量的残余奥氏体，并且随着钢中含碳量的增加，淬火温度的提高，残余奥氏体的相对量也会增加。残余奥氏体不宜受硝酸酒精腐蚀，在光学显微镜下呈白亮色，无固定状态，难以与马氏体区分，因此常常需回火后才可分辨出马氏体之间的残余奥氏体。

加热温度不足或冷却速度不足时，即为不完全淬火，晶界上析出屈氏体组织。

4. 碳钢的回火组织

钢淬火后一般都需要回火才能满足性能要求。根据回火温度的高低，回火后的组织主要有以下几类：

（1）回火马氏体

在 150℃～250℃ 回火时形成的组织为回火马氏体。它是由极小弥散的 ε—碳化物和 α—Fe 组成。回火马氏体易于腐蚀，一般成黑色，且保留原淬火针状马氏体或淬火板条马氏体的形态，在光学显微镜下难以辨出其中的碳化物相。

（2）回火屈氏体

在 350℃～450℃ 回火时形成的组织为回火屈氏体。它是由细片状或细粒状渗碳体和铁素体组成。在光学显微镜下，碳化物颗粒仍不宜分辨，但可观察到保持马氏体形态的灰黑色组织，且马氏体形态的边界不十分清晰。

（3）回火索氏体

在 500℃～650℃ 回火时形成的组织为回火索氏体。它是由粒状渗碳体和铁素体组成。在较高倍数的光学显微镜下可以观察到渗碳体的颗粒，此时马氏体形态已消失。600℃ 以上回火时，组织中的铁素体为等轴晶粒。工业上将淬火加高温回火获得回火索氏体的工艺称为调质处理。

【实验材料及设备】

(1)表9-1所列金相试样及相应的金相挂图。

(2)材料：金相砂纸、研磨膏、抛光呢、4%硝酸酒精、酒精、脱脂棉等。

(3)主要设备：金相显微镜、抛光机、电吹风等。

表9-1　碳钢的热处理及显微组织

编号	材料	处理状态	显微组织	浸蚀剂	放大倍数
1	45	退火	珠光体＋铁素体	4%硝酸酒精	500
2	45	正火	细珠光体＋铁素体	4%硝酸酒精	500
3	45	840℃油淬	马氏体＋屈氏体＋残余奥氏体	4%硝酸酒精	500
4	45	840℃水淬	马氏体＋残余奥氏体	4%硝酸酒精	500
5	45	840℃水淬＋200℃回火	回火马氏体	4%硝酸酒精	500
6	45	840℃水淬＋420℃回火	回火屈氏体	4%硝酸酒精	500
7	45	840℃水淬＋650℃回火	回火索氏体	4%硝酸酒精	500
8	45	750℃水淬	马氏体＋铁素体	4%硝酸酒精	500
9	45	1000℃正火	魏氏体	4%硝酸酒精	500
10	T10	球化退火	铁素体(基体)＋渗碳体(颗粒状)	4%硝酸酒精	500
11	T10	780℃冷至370℃	上贝氏体	4%硝酸酒精	500
12	T10	780℃冷至280℃	下贝氏体	4%硝酸酒精	500
13	T10	780℃淬火	隐针马氏体＋残余奥氏体＋碳化物	4%硝酸酒精	500
14	T10	820℃淬火	短针马氏体＋残余奥氏体＋碳化物	4%硝酸酒精	500
15	T10	1000℃淬火	粗针马氏体＋残余奥氏体	4%硝酸酒精	500
16	20	990℃淬火	板条马氏体＋残余奥氏体	4%硝酸酒精	500
17	45	1250℃淬火	板条马氏体＋残余奥氏体	4%硝酸酒精	500

【实验内容与步骤】

按正常程序操作显微镜,逐块观察表中碳钢经热处理后的基本组织。

【实验报告要求】

(1)画出给定试样的显微组织示意图,用箭头标明图中的各种组织,并说明组织特征,注明材料、状态、放大倍数和浸蚀剂。

(2)比较各试样显微组织特点,并分析讨论之。

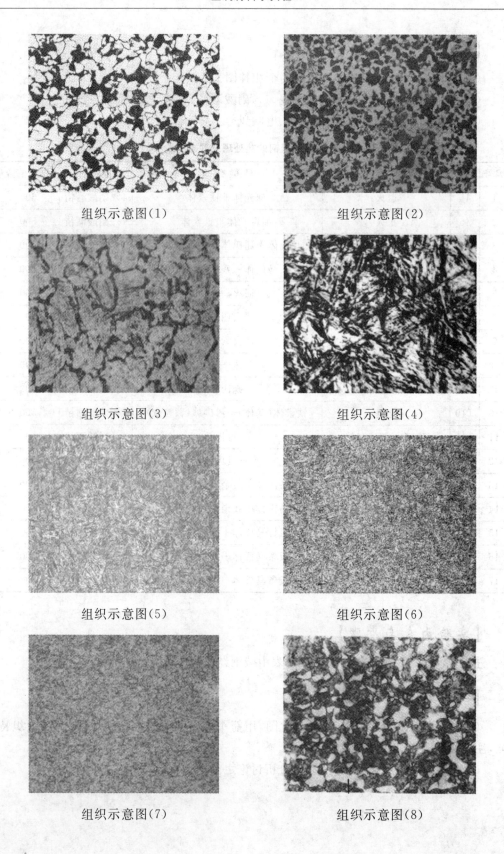

组织示意图(1)　　　　　　　　　　组织示意图(2)

组织示意图(3)　　　　　　　　　　组织示意图(4)

组织示意图(5)　　　　　　　　　　组织示意图(6)

组织示意图(7)　　　　　　　　　　组织示意图(8)

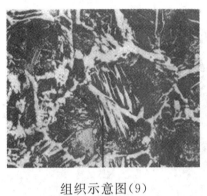

组织示意图(9)

组织示意图(10)

组织示意图(11)

组织示意图(12)

组织示意图(13)

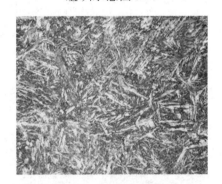

组织示意图(14)

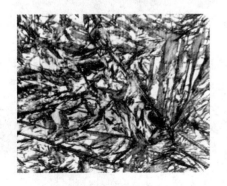

组织示意图(15)

组织示意图(16)

组织示意图(17)

实验十　钢的淬透性曲线测定

【实验目的】

(1)了解钢的淬透性测定方法。

(2)掌握末端淬透性试验方法。

(3)研究合金元素及奥氏体化温度对淬透性的影响。

【实验说明】

1. 淬透性的本质与测定

钢的淬透性是结构钢与工具钢的重要热处理工艺性能之一。它对钢材的组织和性能有重要的影响,亦是机械零件设计时选择钢种、生产上制订热处理工艺的主要依据之一。

淬透性是指钢在淬火时能够获得马氏体的能力,通常用标准尺寸的试样在规定的试验条件下,淬火后测得的淬硬层深度来表示淬透性的大小。淬硬层深度是指钢件淬火后,从表面全部马氏体组织到半马氏体组织(50％马氏体和50％非马氏体组成)的距离。因此,可以认为淬火后马氏体组织大于50％的部分被淬透(近年来有人认为,在淬火钢中存在50％的非马氏体组织与具有90％的马氏体的性能有很大差异,因而建议用90％马氏体作为淬透性判据)。淬火后得到的硬化层越深,则表示钢的淬透性越大。

应特别指出的是,钢的淬透性和钢件的淬透层深度虽有密切关系,但不能混为一谈。钢的淬透性是钢材本身固有的属性,它不受外部因素的影响。淬透性主要取决于钢的化学成分、奥氏体均匀度及晶粒大小等因素;而钢件的淬透层深度除取决于钢材的淬透性之外,还与所采用的冷却介质、零件尺寸等外部因素有关。淬透性还应区别于淬硬性。淬硬性是指钢在正常淬火条件下所能达到的最高硬度的能力,它主要与钢的含碳量有关。

测定钢的淬透性曲线有计算法和实验法两大类。计算法是根据钢的化学成分和本质晶粒度计算出该钢种的理想临界直径,再依次计算出末端淬透性曲线。而实验法则是通过测定标准试样上的淬透直径或深度,或是测定标准试样在末端淬火实验后的半马氏体区至水冷端距离大小来评价钢的淬透性。目前国际上和我国多用断口检验法、U曲线法和末端淬火法等来测定钢的淬透性。本实验只介绍末端淬火法。

2. 末端淬火法

末端淬透性实验法亦称末端淬火法,是目前应用最广泛的淬透性实验方法。它通常适用于测定优质碳素钢及合金结构钢的淬透性,也可以用于弹簧钢、轴承钢和合金工具钢等钢种淬透性的测定,但对低淬透性钢和高淬透性钢不宜采用。

末端淬火法所用实验和实验条件均已标准化,如表 10-1 所示。

这种测试方法是将一圆柱形试样加热至淬火温度,然后在试样末端喷水淬火。由于试样仅从末端喷水冷却,所以整个圆柱形试样沿长度方向,从末端至顶端由下而上冷却速度逐渐减小,由于各处冷却速度不同,致使试样各部位所获得的淬火组织和硬度亦不相同。根据沿试样长度方向所测定的硬度值,便可绘制出至水冷端的硬度变化曲线,即末端淬透性曲线,如图 10-1 所示。

表 10-1　末端淬火法实验条件

试样			保温时间 （min）	喷水口直径 （mm）	自由水柱高 （mm）	喷水口至试样 端面间的距离(mm)
直径 （mm）	头部直径 （mm）	长度 （mm）				
25±0.5	30	100±0.5	30±5	12.5	65±5	12.5±0.5
20	25	100	30	12.5	65±5	12.5
12	17	100	15	6	100±5	10

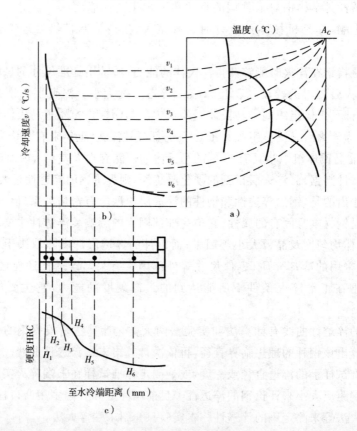

图 10-1　冷却速度曲线、奥氏体转变曲线与末端淬透性曲线三者的关系

在淬透性曲线上,根据硬度变化的不同特征,便可判定钢的淬透性的高低,具体测定

方式如下:

(1)试样

标准尺寸为 φ25mm×100mm 的圆柱形式样,试样顶端 3～5mm 处的直径为 28～30mm,以供淬火实验时悬挂试样之用,如图 10-2a 所示,需要时亦可用较小尺寸试样做淬透性实验。

(2)试样加热

试样放在温度准确的箱式电炉中加热。淬火温度根据钢种化学成分而定,或以该钢种技术标准条件中规定的温度为准。保温时间为 30±5min,加热时应防止试样表面发生氧化和脱碳。

(3)末端淬火

本实验采用 WDZ-02 型末端淬火试验机。淬火在末端淬火设备上进行,图 10-2b 为淬火试验后洛氏硬度曲线示意图。实验前先根据试样直径按表 10-1 规定条件调整测试设备,调试好后即可进行试样末端喷水淬火。

(4)硬度测定与淬透性曲线绘制

淬火后将试样圆柱表面相对 180° 的两边各磨去 0.4～0.5mm 的深度,以获得相互平行的两平面,然后用洛氏硬度计沿磨面中心线测量硬度。由试样水冷端起每隔 1.5mm 测量一次,当硬度下降趋于平稳时,其后每隔 3～5mm 测量一次,直至硬度下降至再无明显变化为止。以硬度值(HRC)为纵坐标,以淬火末端的距离(mm)为横坐标,绘制淬透性曲线。大多数钢的淬透性曲线已经测出,使用时可查阅有关手册。

钢的淬透值以 $J\dfrac{HRC}{d}$(或 J××-d)表示,其中 d 为距水冷端的距离(mm),HRC(或 ××)为该处测得的洛氏硬度值,如淬透值 J42/5(或 J42-5),即表示距水冷端 5mm 处的硬度值为 HRC42。

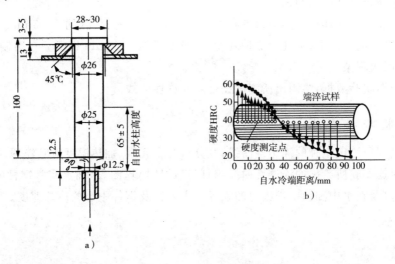

图 10-2 末端淬火试验

3. 临界淬火直径

临界淬火直径(D_k)是一个直观衡量淬透性的参数。它是指钢在某种淬火介质中,其断面的中心被淬透(淬成 50% 马氏体)的最大直径。在其他条件一定时,临界淬火直径将随淬火剂的冷却能力而改变。

求临界淬火直径(D_k)的方法:首先根据钢件的含碳量在相关表中查出半马氏区的硬度,据此硬度值在该钢的淬透性曲线上找出对应的末端距离,再按该值由淬透性换算曲线得到 D_k 值。

【实验材料及设备】

(1)材料:末端淬火试样(40Cr、T8),试样尺寸按国家标准 GBT225－2006 加工。

(2)主要设备:加热炉、WDZ－02 型末端淬火设备、砂轮机、洛氏硬度计、游标卡尺、热处理钳等。

【实验内容与步骤】

采用末端淬火法测定碳钢和合金钢的淬透性,实验步骤如下:

(1)全班可分若干组。每组领取碳钢和合金钢试样各一件,并根据所测定钢种确定淬火加热温度。

(2)将试样先放入保护钢管内,并在钢管底部填放少量石墨粉、木炭或生铁屑,以防止加热时试样表面氧化脱碳,然后把试样装入预先加到规定淬火温度的加热炉中加热。

(3)熟悉末端淬火操作方法,按标准中规定的实验条件要求,调整末端淬火设备,待调整完毕后用玻璃板盖好喷水口,做好淬火前的准备。

(4)试样加热到温并保温 30min 后,用钳子夹住头部取出,迅速准确地放到末端淬火支架孔中,立即进行末端喷水淬火。试样自炉内取出至水淬开始的时间不得超过 5s,水淬时间应大于 10min,并保证试样轴线始终对准喷水口中心线,勿使水滴喷溅到试样侧面上,水压应稳定以利冷却均匀。

(5)将淬火后试样相对的两边各磨去 0.4～0.5mm 的深度(约 3～5mm 宽),在得到的两相互平行的平面上,按规定测量硬度,一般测至 45～50mm 即可。在磨制试样时,应设法防止回火现象。

(6)根据实验数据,绘制出所测试钢种的淬透性曲线。

【实验报告要求】

(1)绘制所测定钢种的淬透性曲线,并分析合金元素、加热温度对其淬透性的影响。

(2)根据实验所绘出的淬透性曲线,利用淬透性换算图表,确定实验钢种的理想临界淬火直径以及在水中和油中淬火时的临界淬火直径及钢件中心的冷却速度。

实验十一　Gleeble－3500 热/力模拟试验机简介

【实验目的】

(1)了解 Gleeble－3500 试验机的工作原理。

(2)了解 Gleeble－3500 试验机的应用范围。

【实验说明】

1. Gleeble－3500 热/力模拟实验机工作原理

美国 DSI(Dynamic Systems Inc.)科技联合体研制生产的 Gleeble 系列热/力模拟试验机采用电阻法加热试样,其中 Gleeble－3500 设备采用了最先进的数字控制技术,是世界上功能齐全、技术先进的模拟试验装置之一。图 11－1 为 Gleeble－3500 试验机装置。

图 11－1　Gleeble－3500 热/力模拟试验机

图 11－2 为 Gleeble－3500 热/力模拟装置工作原理图。它是由加热系统、加力系统以及计算机控制系统三大部分组成。其主要模块有:主机、液压源及伺服装置、应力应变测量装置、温度测量装置、试样急冷装置、程序设定发送器、自动操作电控箱及 D/A、A/D 转换模块、计算机、数据采集和瞬时记忆系统等。

(1)加热系统

Gleeble－3500 的加热系统主要由加热变压器、温度测量和控制系统、冷却系统三部分组成。

加热变压器是一个额定容量为 75kVA 的降压变压器。初级可接 200/380/450V 电压,次级电压依靠调节初级线圈抽头匝数(高、中、低三档共九级变压)来调节,输出电压范围约 3~10V。初级电流标准值最大为 200A,次级输出电流最大可达数万安培。根据焦耳-楞次定律,电流通过试件后在试样上产生的热量为:

$$Q = I^2 Rt$$

其中:Q——电流在试样上产生的热量;

I——通过试样上的电流,A;

R——试样电阻值,Ω;

t——通电时间,s。

另外,试件与卡具间的接触电阻将引起较大的电压降,因此试件装卡时要有良好的接触。

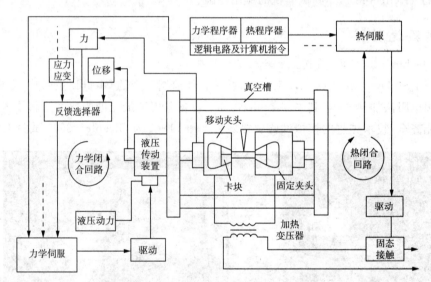

图 11-2　Gleeble-3500 热模拟装置工作原理图

Gleeble-3500 的冷却系统包括两个部分:一是靠试样与夹具的接触传导,二是使用喷水(或喷气)急冷装置。接触传导时的冷速取决于试件的材质、试件的尺寸、夹持试件的卡头材料以及夹持试样的自由跨度,如图 11-3 所示。热量由试样中心向卡头方向轴向传导。若使用的水冷铜卡头大于试样直径几倍,可获较大的冷速。极快的冷速需要采用喷水急冷装置。

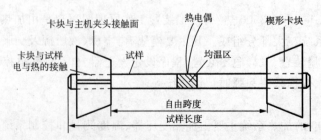

图 11-3　Gleeble 试样夹持装配示意图

　　由于 Gleeble 电阻加热试件使用的是普通工频电（50Hz），频率低，集肤效应很小，可认为电流在试件横截面上均匀流过。另外，由于金属或合金的体电阻各处是相同的，可认为整个试件的加热也是均匀的。在物理模拟试验过程中，依靠热能连续的增加或减少控制试件的温度。当输入的总能量与损失的总热量相当时，试件处于热平衡状态并保持恒温；当加入的热量大于损失的热量，则试件温度上升；当加入的热量少于损失的热量，则试件温度下降。试样的轴向冷却产生了一个横向的等温面，通过选择材质、尺寸、自由跨度不同的卡具，可以调节轴向温度梯度，并在试样跨度的中部获得一定体积的均温区，如图 11-4 所示。均温区即为物理模拟试件的工作区，其宽窄对模拟试验结果有重要影响。在卡块材料及夹头内部水冷条件一定的情况下，影响均温区宽度的主要因素是加热速度、冷却速度及试样自由跨度。加热速度越快，输入的热量越多，而传走的热量基本不变，则试样中间部分的热量损失相对减少，从而均温区加宽；反之则变窄。在加热速度不变的情况下，冷却条件越好，传走的热量越多，均温区变窄；自由跨度越大，试样中部的冷却变慢，均温区加宽。

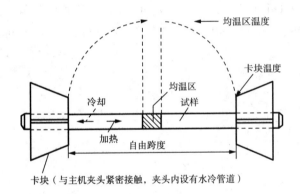

图 11-4　Gleeble 试样沿轴向温度分布示意图

（2）力学系统

Gleeble-3500 力学系统由高速伺服阀控制的液压驱动系统、力传递机械系统以及力学参数的测量与控制系统所组成。

液压驱动系统中，油缸活塞运动所需的流体压力由可移动式油泵供给。由于采用了带有蓄能器的小型油泵，可使系统方便地调节压力并达到较高的驱动速度。

力学控制系统的程序与热学系统的程序取同一时间轴，采用闭环控制。可实现载荷、位移、应力、横向应变及轴向应变五个力学参数实时监测。根据试验要求可选择任一参数为反馈信号，即具有五种控制方法的选择，还可以在试验过程中实现控制方法的自动平稳转换，这种转换时由计算机在 350μs 内完成。

伺服阀受到信号系统的控制。来自于同反馈信号与程序给定信号的差值成正比的放大信号自动输入到伺服阀的控制回路中。反馈信号来自于位移检测计、负载传感器、应变检测计或膨胀计。在 Gleeble-3500 的控制柜的力学模块中，有两个重要的插件，即应变值插件及应力插件，可以直接计算并绘制工程应力—应变曲线。试件在加热或冷却时的径向应变可用高温横向应变引伸仪测得。

（3）计算机控制系统

计算机系统是热/力模拟试验机的心脏。通过控制柜的各种模块（插件）实现 D/A 及 A/D 转换，对热、力系统进行实时闭环控制。为了满足动态试验的要求，还配有数据采集系统，可以同时采用 8 个通道，最大采样速率 50000Hz。利用数据采集软件，可实现数据的采集及分析处理。数据能够以曲线形式绘图或打印成表。也可在试验过程中由屏幕随时动态显示试验中热、力参数随时间变化的过程。

Gleeble 提供两种类型的软件：一类是 Gleeble 语言程序及操作控制软件，另一类是为模拟热加工过程（如焊接热影响区）的专业软件。另外，计算机系统还可运行一些常用语言及应用软件，并根据需要可编制实用性更强的程序来扩大物理模拟试验的范围或提高其模拟精度。

2. Gleeble-3500 应用领域

Gleeble-3500 主要用于材料实验研究和冶金过程模拟。材料研究开发的实验主要有热拉伸实验、热压缩实验、零强度温度/零塑性温度实验、热疲劳/热机械疲劳试验、热循环/热处理、TTT/CHT/CCT 曲线、形变热处理、固液两相区材料变形行为；冶金过程模拟的实验主要有热轧、锻压、挤压、板带热处理、金属材料热处理、铸造和连铸、粉末冶金和烧结等。

实验十二 物理热模拟试验测淬火介质冷却曲线

【实验目的】

(1)掌握淬火介质类型及性能,了解淬火介质的发展方向。

(2)了解 Gleeble-3500 热模拟试验机的操作与编程。

【实验说明】

1. 淬火冷却技术与淬火介质

(1)淬火冷却过程

根据工件淬火冷却时,淬火介质是否发生物态变化,把淬火介质分为两类,即有物态变化的和无物态变化的。水、无机物水溶液、有机聚合物水溶液、各种淬火油等,在淬火时要发生物态变化;而气体、熔融金属、熔盐、熔碱、金属板等,在淬火时则不发生物态变化。

当炽热的钢件在具有物态变化的淬火介质中冷却时,冷却过程分为三个阶段,如图12-1所示。

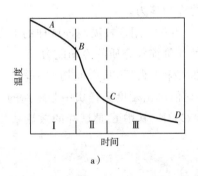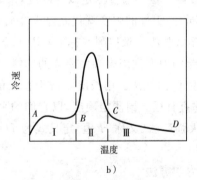

图 12-1 冷却过程三阶段示意图

a)冷却过程曲线;b)冷却速度曲线

① 蒸汽膜阶段(AB 段)。工件刚进入介质的瞬间,周围的介质立即被加热而气化,在工件表面形成一层蒸汽膜。由于膜的导热性差,故被其包围隔绝的工件冷速是很慢的。初期,由于工件放出的热量大于介质从蒸汽膜吸走的热量,所以膜壁不断增厚。继续冷却,工件温度不断下降,膜壁的厚度及稳定性也逐渐变小,直至蒸汽膜破裂而消失,这是冷却的第一阶段。

② 沸腾阶段(BC 段)。当蒸汽膜破裂时,工件就与介质直接接触,介质在工件表面激烈沸腾,不断逸出的气泡带走了大量的热量,以致工件的冷却速度很大。直到工件冷却

到介质沸点为止,这是冷却第二阶段。

③ 对流阶段(CD段)。当工件冷却到低于介质的沸点时,主要依靠对流传热的方式进行,工件的冷却速度甚至比蒸汽膜阶段还要缓慢,而且随着工件表面与介质的温差不断减小,冷速也越来越小,这是冷却的第三阶段。

(2)淬火冷却技术

淬火冷却技术为热处理工艺过程的重要组成部分。淬火技术的发展主要包括:淬火冷却计算机模拟、磁场淬火、流态床淬火、强烈淬火、控制冷却、超声波淬火、变烈度淬火、膨胀流淬火等。

(3)淬火介质类型

热处理常用的淬火介质有水、机械油、无机物水溶液等。

淬火油其实质就是润滑油。淬火油是按金属材料冷却转变特性和热处理技术要求而研制的热处理用油。常用介质有普通淬火油、快速淬火油、超速淬火油、光亮淬火油、真空淬火油、等温淬火油等。

水溶性聚合物类淬火介质具有介于水和油之间的冷却能力,其特点是在淬火件表面形成一层可提高传热均匀性的可逆的聚合物膜且符合环境保护要求。

2. 淬火介质冷却性能的测试

淬火介质的冷却性能测定方法主要有冶金学方法和热力学方法。

(1)冶金学方法

主要有直接硬度法、端淬试验法、硬度U曲线法和淬火强度方法。

① 直接硬度法。通过测定试样硬度,来确定淬火介质的冷却能力。假设工艺条件不变,试样相同,则工件的硬度就代表淬火介质的冷却能力。

② 端淬试验法。根据国家标准GB/T225-2006,用水柱喷端淬试样的下端,测量表面的硬度,绘制硬度到淬火端面距离的曲线,可评价淬火介质的冷却能力。

③ 硬度U曲线法。用长度5倍于直径的试样淬火后,从中间切取一段试样。在测定面上沿垂直直径方向测定硬度,以它们的平均值画出硬度到样块中心距离的曲线。

④ 淬火强度法(又称H值)定义式为 $H=C/2K$,其中 C 是试样的散热系数,K 为试样的热导率。

(2)热力学方法

主要包括磁性淬火方法和热电偶冷却曲线法。

① 磁性淬火法。根据美国国标 ANSI-D 3520-76。将一个加热到温度(885±6)℃,直径 $\Phi(22.22±0.13)$ mm 的镀铬镍球投入 21℃~27℃ 的试液中,记录镍球从 885℃ 冷却到镍的居里点 354℃,与在标准液(USP 美国药典白油)的冷却试件比较,求出相对的冷却指数。

② 热电偶冷却曲线法。ISO 9950 标准就是在此基础上制定的。从 1940 年德国 Rose 最早使用 $\Phi20$ 的银球作为探头。后来各国又相继发展了不同种类的探头,比如日本的 $\Phi10mm×60mm$ 银柱探头,美国的 $\Phi10mm×60mm$ 的奥氏体不锈钢柱探头以及英国的 $\Phi12.5mm$ 的镍基合金圆柱探头。

本实验根据热电偶冷却曲线法原理编制热处理工艺模拟控制程序,进行模拟操作。

【实验材料与设备】

(1)ISO－Q 试样(如图 12 - 2 所示)和 ISO－Q 模块(如图 12 - 3 所示)。

(2)真空泵和循环水冷机。

(3)热电偶和点焊机。

(4)Gleeble－3500 热模拟试验机。

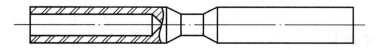

图 12 - 2　ISO－Q 试样

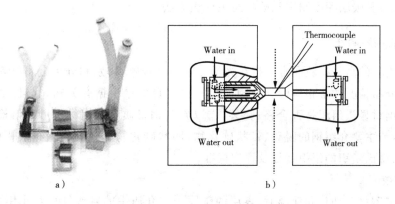

a)　　　　　　　　　　　　b)

图 12 - 3　ISO－Q 模块

a)ISO－Q 模块实物图;b)ISO－Q 模块结构图

【实验内容与步骤】

(1)将编制好的控制程序数据输入计算机中。

(2)用电焊机将 K 型热电偶焊接到试样加热段中间部分。

(3)将试样装备到 ISO－Q 模具中,并固定到 Gleeble－3500 操作箱里,开动机器进行试验。

(4)三次实验分别为:

① 模拟淬火温度 850℃,介质为水,在 20℃和 70℃时的冷却;

② 模拟淬火温度 850℃,介质为油,在 20℃时的冷却;

③ 模拟淬火温度 850℃,介质为 10％硫酸钠水溶液,分别在 20℃和 70℃时的冷却。

【实验报告要求】

(1)绘制三种介质在 20℃时的模拟淬火冷却曲线(Y 轴温度－X 轴时间)。

(2)绘制三种介质在 20℃时的冷却速度特性曲线(Y 轴温度－X 轴冷却速度)。

(3)比较水和 10％硫酸钠水溶液两种介质在不同淬火温度下的模拟冷却曲线,并评价两种介质的冷却能力与稳定性 。

实验十三　钢材质量的高倍检验

【实验目的】

(1)了解钢中常见的几种缺陷组织特征及产生原因。

(2)学习脱碳层深度测定和缺陷组织评级方法。

【实验说明】

钢材质的高倍检验通常是指在光学显微镜下观察、辨别和分析金属材料的微观组织状态及分布情况的金相检验。常规高倍检验的目的是根据有关知识与标准规定来判断和确定钢材显微组织是否合格、完善，借以判断钢材质量。钢材质量高倍检验牵涉内容广泛，本节主要介绍钢的脱碳、带状碳化物、网状碳化物、球化碳化物、液析碳化物、共晶碳化物、魏氏组织的组织特征及评定标准。

1. 脱碳

脱碳是钢材在加热和保温时，表层的碳原子与介质中的氧或氢相互作用，形成 CO、CH_4 等产物，导致钢材表层的碳浓度由内向外逐步降低的现象。由于钢材表层中的碳原子和介质中的氢、氧的反应速度大于碳从钢材的内部向表面扩散的速度，所以脱碳只在表面层产生，脱碳是一种表面缺陷。

脱碳层可分为全脱碳层和部分脱碳层。脱碳层总深度包括全脱碳和部分脱碳。全脱碳层全部为铁素体组织，部分脱碳层是其组织和基体组织有差异的区域。例如，在平衡状态下，当基体组织为亚共析组织或共析组织时，部分脱碳层为铁素体—珠光体组织，其铁素体量较基体多；当基体组织为过共析组织时，部分脱碳层为铁素体＋片状珠光体或碳化物。

按国家标准(GB/T 224-2008)规定，钢的脱碳层深度应按显微组织法或硬度法进行测定。当技术条件无明确规定时用显微组织法。

显微组织法是指用显微镜观察试样，根据钢的组织差异测定脱碳深度的方法。通常在放大 100 倍下进行(必要时也可在其他放大倍数下测定)，以脱碳层的最大深度作为脱碳层的深度；在特殊要求下，亦可以全脱碳层的最大深度作为脱碳层的深度(见附录 3)。

硬度测定法是在相应的热处理状态下，根据钢的硬度值来测定脱碳层深度。脱碳层深度有以下几种标准：

① 由试样边缘测至技术条件规定的硬度值处。

② 由试样边缘测至硬度值平稳处。

③ 由试样边缘测至硬度平稳值的某一百分数处。

2. 带状组织

钢中常见的带状组织有铁素体—珠光体带状、碳化物带状等，它是在固态转变时形成的，所以又称二次带状组织。

(1)铁素体—珠光体带状组织

显微组织特征：铁素体和珠光体呈带状分层分布。

产生原因：铁素体—珠光体带状组织常见于亚共析钢中，主要是与钢中的碳偏聚有关，多由于不恰当的铸锭工艺和随后的冷却条件造成的。如低碳钢热轧后缓冷，先共析铁素体和珠光体沿加工方向成层状平行交替排列。带状组织使钢的力学性能呈有方向性，钢的横向塑性、韧性降低。

评定原则：在放大 100 倍下根据铁素体和珠光体定向排列的不均匀程度，按国家标准(GB/T13299－91)级别图进行评定(见附录 3 和表 13-1 所列)。

标准评级图分为 A、B、C 两列。当钢中含碳量≤0.15％时用 A 列评级图，当钢中含碳量在 0.16％～0.30％时用 B 列评级图，当钢中含碳量 0.31％～0.50％时用 C 列评级图。

表 13-1　铁素体—珠光体带状组织评级标准

级别	组　织　特　征
0	等轴的铁素体和珠光体晶粒，无带状组织。
1	铁素体和珠光体晶粒基本上是等轴晶粒，但有少量断续的铁素体和轻微的珠光体带状组织。
2	铁素体和珠光体均以断续带的形式均匀分布于整个视场。
3	铁素体和珠光体均以断续带的形式均匀分布于整个视场，但有 3～4 窄条铁素体通过整个视场。
4	较完整的铁素体带和继续的珠光体带均匀交替通过整个视场。
5	完整的铁素体带和珠光体带均匀交替通过整个视场。

(2)碳化物带状组织

显微组织特征：大小不等的碳化物呈现颗粒状分布的富集带。

产生原因：带状碳化物是从奥氏体析出的先共析二次碳化物，由于钢材热加工导致碳化物沿轧制方向伸展而呈现带状。引起带状碳化物的根源是凝固时存在枝晶偏析。带状碳化物的存在会使钢的力学性能呈现各向异性，钢件回火后硬度不均匀，接触疲劳寿命降低。

评定原则：在放大 100 倍下，根据带状碳化物的聚集程度、大小及形状对照标准级别图进行评定。在难以判定结果时，可用放大 500 倍辅助鉴定。在 500 倍下，主要以 500 倍相应级别评定，但不作为评级的主要判据。

只有滚珠轴承钢才做带状碳化物检验。按国家标准(GB/T 18254－2002)高碳铬轴承钢检验标准中带状碳化物分为四级，各级组织特征见表 13-2 所列，标准级别图见附录 3。

表 13 - 2　滚珠轴承钢带状碳化物评级标准

级别	组 织 特 征
1	碳化物颗粒细小,有若干条分散的不明显的碳化物条带,条带分布均匀。
2	碳化物颗粒较细,有若干条较集中的不过于聚集的碳化物条带。
3	碳化物颗粒较粗,有一条明显的贯穿整个视场的碳化物聚集带。
4	碳化物颗粒粗大,有一条宽达 8～9 毫米,并贯穿整个视场的碳化物聚集带。

3. 网状碳化物

显微组织特征:碳化物沿原奥氏体晶界呈连续或断续网络状分布。经 4% 硝酸酒精溶液浸蚀后呈白亮色网络,经过饱和苦味酸溶液热蚀后呈现黑色网络。

产生原因:网状碳化物的形成与热加工制度以及钢锭中碳化物偏析程度有关。热加工温度过高,冷速过慢,使碳化物沿奥氏体晶界呈网状分布。均匀的、条状的、未达到半网趋势的碳化物对钢的力学性能影响不大,但半网和封闭网状碳化物会使钢的断面收缩率和冲击韧性大幅度下降,易使钢产生淬火裂纹。

评定原则:在放大 500 倍下,根据网络的粗细与完整程度,对照标准级别图来进行评定(见附录 3 和表 13 - 3、表 13 - 4、表 13 - 5 所列)。

表 13 - 3　碳素工具钢网状碳化物评级标准

级别	组 织 特 征
1	颗粒碳化物均匀分布,只有少量碳化物呈线段状分布。
2	断续碳化物形成半网。
3	断续碳化物呈不完全网状。
4	断续碳化物呈封闭网状。

表 13 - 4　合金工具钢网状碳化物评级表

级别	组 织 特 征
1	碳化物不均匀分布,部分碳化物连成线段状。
2	碳化物聚集分布,部分碳化物呈半网趋势。
3	碳化物聚集分布,并出现断续而未封闭之网状。
4	线段状碳化物组成封闭网状。

表 13 - 5　滚珠轴承钢网状碳化物评级标准

级别	组 织 特 征
1	碳化物均匀分布,少量碳化物呈短的点线状。
2	碳化物分布不太均匀,少量碳化物排成线段状。
3	断续碳化物呈半网状趋势。

4. 球化组织

显微组织特征:在铁素体基本上分布着球状或点状碳化物。

产生原因:球化退火使组织中的片状碳化物转变为球状碳化物。球化程度与加热温度、保温时间、冷却速度有关。球化组织的好坏直接影响到钢材的切削加工性和热处理工艺性。

评定原则:在放大 500 倍下,根据球状碳化物颗粒的粗细、均匀度、弥散度及形态,有无片状珠光体及其粗细程度与数量的多少,对照评级图进行评定(见附录 3 和表 13 - 6、表 13 - 7、表 13 - 8 所列)。

表 13 - 6　碳素工具钢球化组织评级标准

级别	组织特征
1	细片状珠光体约占 10%～20%,余为小球状及点状珠光体。
2	细片状珠光体约占 5%～20%,余为小球状及点状珠光体。
3	均匀分布的小球状及球状珠光体。
4	较粗片状珠光体约占 5%,余为小球状及球状珠光体。
5	较粗片状珠光体约占 15%～20%,余为小球状及球状珠光体。
6	粗片状珠光体达 90% 以上,余为小球状及球状珠光体。

表 13 - 7　合金工具钢球状组织评级标准

级别	组织特征
1	细片状珠光体约占 10%～30%,余为点状及小球状珠光体。
2	点状及小球状珠光体,约占 5% 细片状珠光体。
3	均匀分布的小球状及点状珠光体。
4	均匀分布的球状及小球状珠光体。
5	粗片状珠光体约占 5%～10%,余为球状珠光体。
6	粗片状珠光体大于 15%,余为球状珠光体。

表 13 - 8　滚珠轴承钢球化组织评级标准

级别	组织特征
1	密集的点状及小球状珠光体,少量细片状珠光体。
2	点状及小球状珠光体。
3	分布均匀的球状珠光体和极少量点状珠光体。
4	不太均匀分布的球状珠光体。
5	较粗的球状珠光体,部分球状珠光体趋于片状,呈椭圆形。
6	大于 10% 的粗片状珠光体,余为分布不均匀的较粗球状珠光体。

5. 液析碳化物

显微组织特征:液析碳化物呈白亮的不规则角状破碎(小)块。

产生原因:钢锭凝固时出现的碳化物液析,是由于浇注工艺不佳(如钢液过热、浇注温度偏高、钢锭冷速缓慢等)、锭型不合理导致钢锭凝固时产生了碳及合金元素的偏析,特别是树枝状晶之间最后凝固的钢液内碳及合金元素的富集程度很高,使钢锭局部区域达到共晶浓度而产生的亚稳莱氏体共晶。液析碳化物在热加工后沿轧向分布,呈碳化物富集带。液析碳化物具有高的硬度与脆性,使钢件在淬火时易产生裂纹,并使钢件的耐磨性与疲劳强度显著下降。

评定原则:在放大 100 倍下,按液析碳化物的大小、数量、长度及分布按标准图评定(见附录 3 和表 13-9 所列)。只有滚珠轴承钢才作液析碳化物检验。

表 13-9 滚珠轴承钢碳化物液析评级标准

级 别	组 织 特 征
1	有 3~5 条碳化物液析呈串联状或分散分布,其最大长度≤4mm。
2	有 3~10 条碳化物液析呈串联状或分散分布,其最大长度≤8mm。
3	有 5~6 条较粗长的碳化物液析呈断续串联状贯穿视场或分散分布。
4	碳化物液析较粗,连续贯穿视场,或呈两长条分布于视场。

6. 共晶碳化物

显微组织特征:莱氏体钢经热轧、锻造及冷拉处理后共晶碳化物分布在基体上。

产生原因:高速工具钢铸态组织中有共晶碳化物,经轧制、锻造等处理后,共晶碳化物破碎后分布基体中,如处理不当,易出现碳化物不均匀性。严重时造成零件热处理时开裂。

评定原则:在放大 100 倍下,对于共晶碳化物呈网状形态的,主要考虑网的变形、完整程度及网上碳化物堆积成度;对于共晶碳化物呈条带形态的,主要考虑条带宽度及带内碳化物的聚集程度(见附录 3)。评定标准图依据钢号及规格分为六个系列,本实验主要介绍第一系列。

7. 魏氏组织

显微组织特征:针状的铁素体分布在粗大的奥氏体晶界上。

产生原因:钢材热加工时过热并伴有粗大的奥氏体晶粒的现象,这种金相特征称为魏氏组织。魏氏组织将造成钢的机械性能、尤其是冲击韧性的下降,严重时造成零件使用过程中脆性断裂。

评定原则:在放大 100 倍下,根据铁素体的发展及晶粒度的大小按标准评级图进行评级(见附录 3 和表 13-11 所列)。

评级标准将魏氏组织分为 A、B 系列,含碳量为 0.15%~0.30% 的钢材适用于 A 系列;含碳量为 0.31%~0.50% 的钢材适用于 B 系列。

表 13 - 11　魏氏组织的分级和评级标准

级别	组 织 特 征
0	等轴的珠光体和铁素体晶粒,无魏氏组织。
1	出现轻微的针状铁素体。
2	在晶界处针状铁素体有所发展。
3	针状铁素体分布在晶界上,少量在晶粒内部出现。
4	针状铁素体分布在晶界上,有较多在晶粒内部出现。
5	针状铁素体分布在晶界上,同时在晶粒内部有大量的针状铁素体。

【实验材料及设备】

(1)表 13 - 12 所列的金相试样。

(2)材料:金相砂纸、研磨膏、抛光呢、4%硝酸酒精、30%硝酸酒精、酒精、脱脂棉等。

(3)主要设备:金相显微镜、目镜测微尺、物镜测微尺、抛光机、电吹风等。

表 13 - 12　不同级别高倍检验试样

编　号	材　料	热处理状态	高倍检验项目
1	T8	退火	脱碳
2	T8	退火	脱碳
3	15MnV	轧态	带状铁素体—珠光体
4	16Mn	轧态	带状铁素体—珠光体
5	20 钢	轧态	带状铁素体—珠光体
6	45 钢	轧态	带状铁素体—珠光体
7	GCr15	淬火+低温回火	带状碳化物
8	T10	淬火+低温回火	网状碳化物
9	Cr12MoV	淬火+低温回火	网状碳化物
10	GCr15	淬火+低温回火	网状碳化物
11	T10	球化退火	球状碳化物
12	T10	球化退火	球状碳化物
13	Cr12MoV	球化退火	球状碳化物
14	GCr15	球化退火	球状碳化物
15	GCr15	淬火+低温回火	液析碳化物
16	GCr15	淬火+低温回火	液析碳化物
17	W18Cr4V	轧态	共晶碳化物
18	W18Cr4V	轧态	共晶碳化物
19	45	过热	魏氏组织
20	T10	过热	魏氏组织

【实验内容与步骤】

逐块观察钢的脱碳、带状组织、液析碳化物、网状碳化物、球状碳化物、共晶碳化物、魏氏组织;测量脱碳深度;对照国标评级图评定出各试样组织缺陷级别。

【实验报告要求】

(1)绘出组织示意图,说明材料处理条件、浸蚀剂、放大倍数及组织特征。

(2)测定所给试样的脱碳层深度。

(3)评出所给试样的组织缺陷级别。

附录3 钢铁材料高倍检验标准

一、金相法测定脱碳层深度的典型组织照片举例(GB/T224−2008)

金相法测定脱碳层时,具有退火或正火(铁素体—珠光体)组织的钢种,脱碳量取决于珠光体的减少量(见图13−1所示);硬化组织或淬火回火后的回火马氏体组织由晶界铁素体的变化来判定完全脱碳层(见图13−2所示);球化退火组织可由表面碳化物明显减少区或出现片状珠光体区确定脱碳区(见图13−3所示)。图中箭头标出的区域为脱碳层。

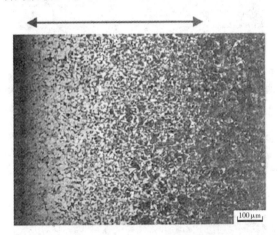

成分:0.81%C,0.18%Si,0.33%Mn;处理工艺:960℃加热2.5h炉冷;

组织说明:珠光体减少区域为部分脱碳

图13−1 碳素钢表面脱碳(100×)

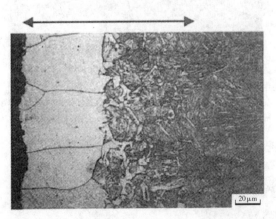

处理工艺:870℃加热20min油淬,再440℃加热90min空冷;

组织说明:白色铁素体部分为完全脱碳区,含有片状铁素体区为部分脱碳

图13−2 60Si2MnA弹簧钢表面脱碳(500×)

处理工艺:800℃保温 4h,以 10℃每小时缓冷至 650℃,空冷;

组织说明:白色铁素体部分为完全脱碳区,碳化物减少区为部分脱碳(100×)

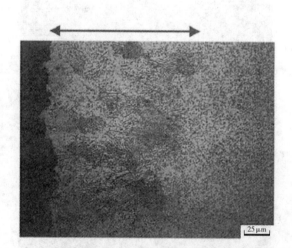

组织说明:片状珠光体区域为部分脱碳

图 13-3　GCr15 表面脱碳的金相组织(400×)

二、铁素体—珠光体带状评级图(GB/T13299-91)

带状组织评级图(100×)

系列	0级	1级

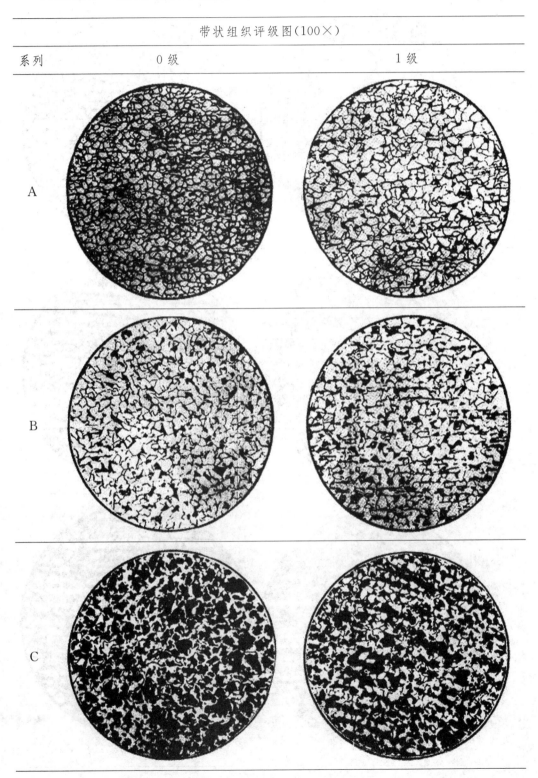

系列	2 级	3 级

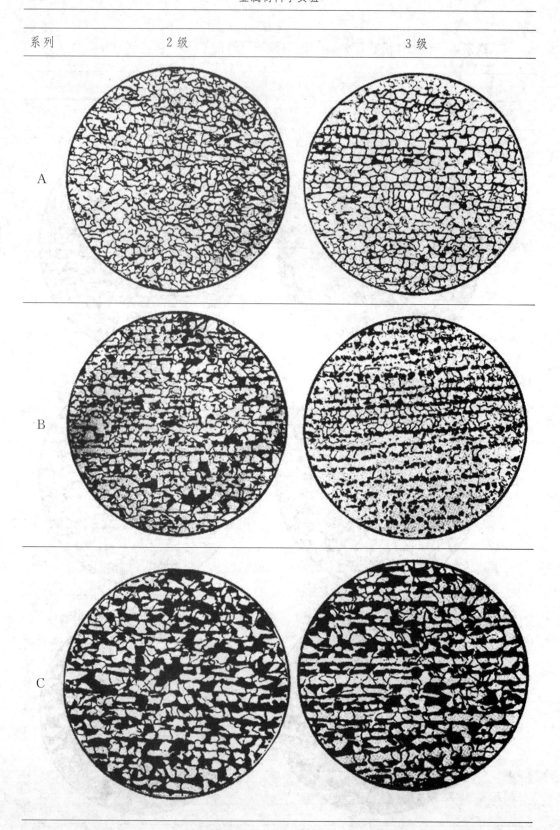

系列	4 级	5 级

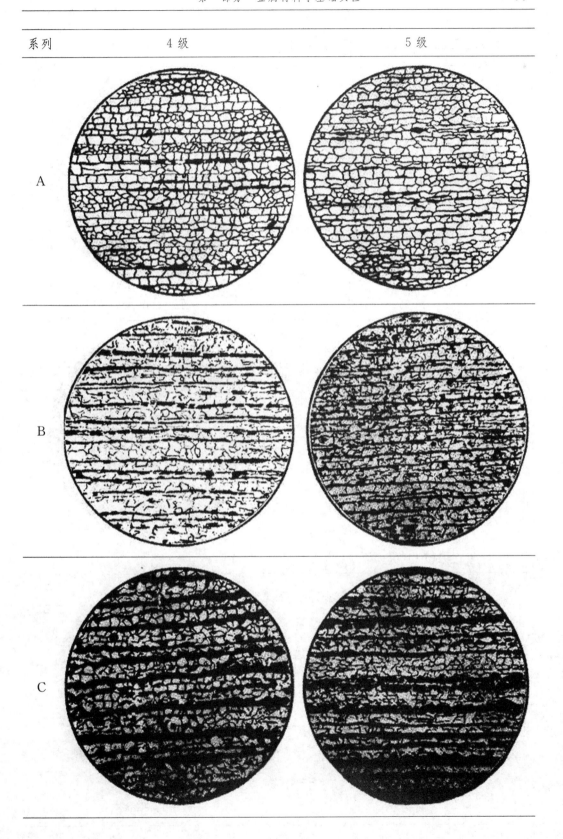

三、带状碳化物评级图(GB/T18254－2002)

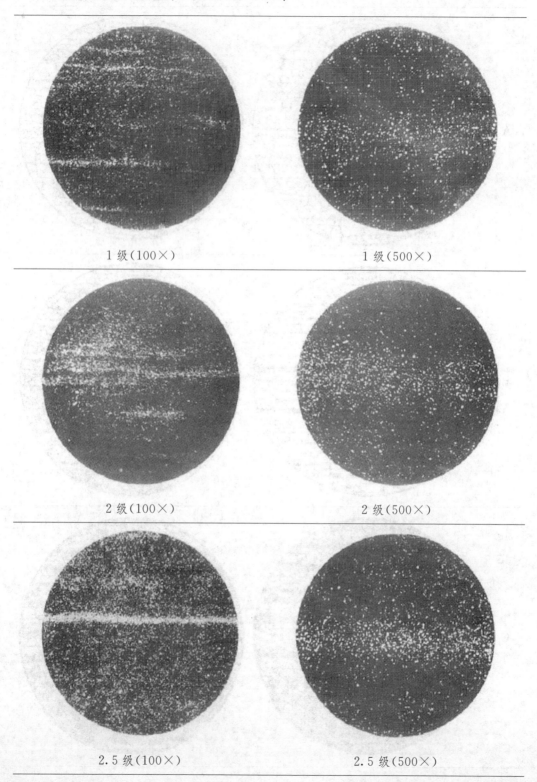

1 级(100×)　　　　　　　　　1 级(500×)

2 级(100×)　　　　　　　　　2 级(500×)

2.5 级(100×)　　　　　　　　2.5 级(500×)

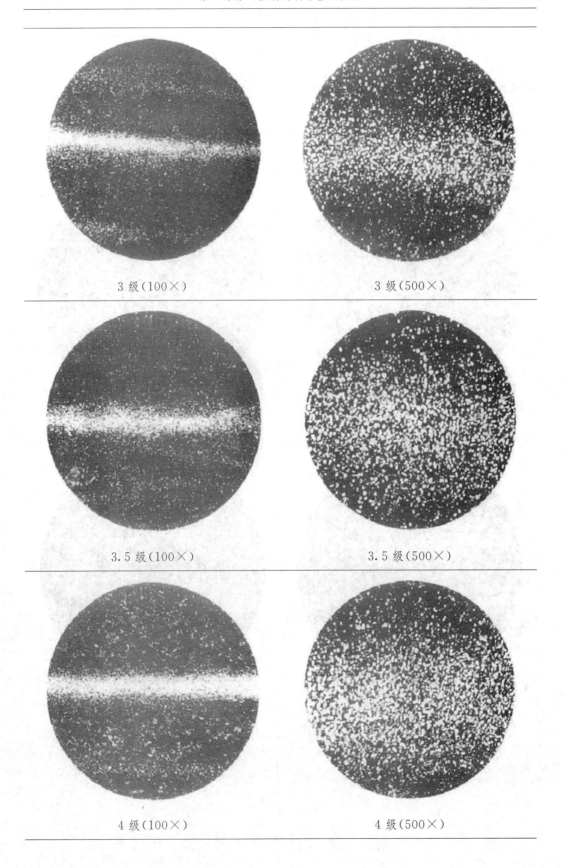

3 级(100×) 3 级(500×)

3.5 级(100×) 3.5 级(500×)

4 级(100×) 4 级(500×)

四、网状碳化物评级图(500×)

碳素工具钢网状碳化物评级(GB/T 1298—2008)

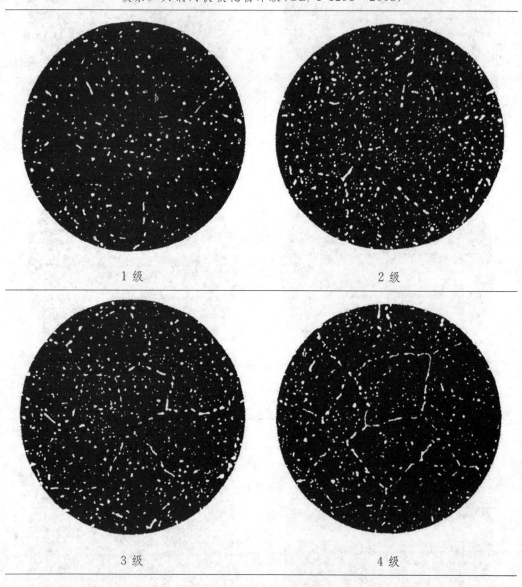

1 级   2 级

3 级   4 级

合金工具钢网状碳化物评级（GB/T 1299—2000）

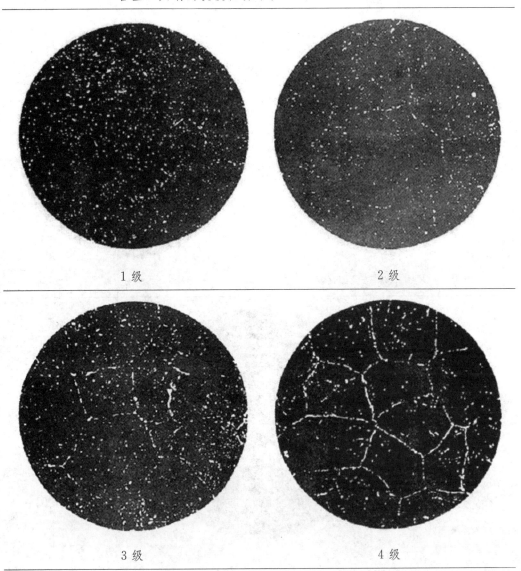

1 级   2 级

3 级   4 级

高碳铬轴承钢网状碳化物评级标准（GB/T 18254—2002）

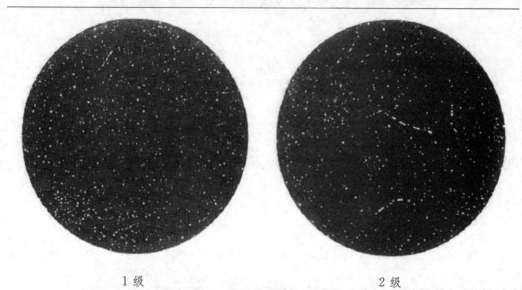

1 级　　　　　　　　　　　2 级

3 级

五、球状碳化物评级图(500×)

碳素工具钢球化组织评级(GB/T 1298—2008)

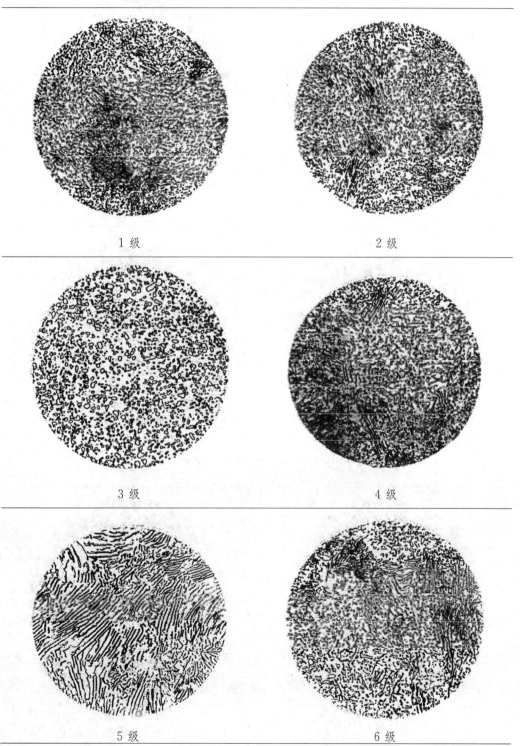

1 级	2 级
3 级	4 级
5 级	6 级

合金工具钢球状碳化物评级(GB/T 1299—2000)

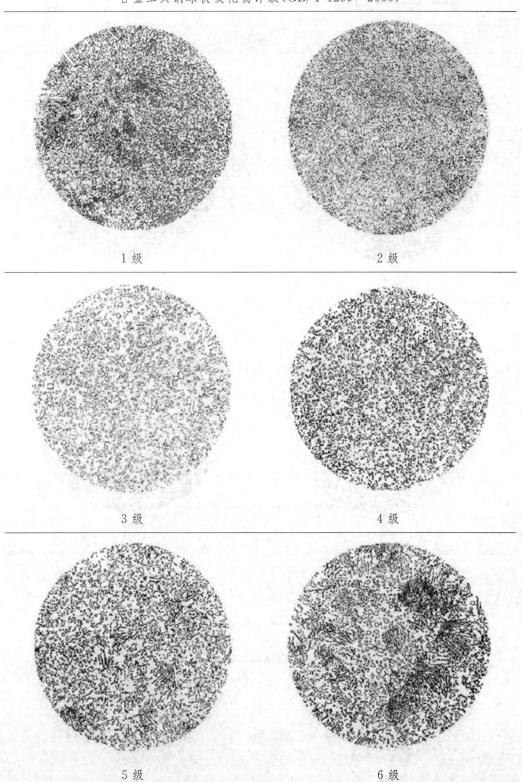

1 级

2 级

3 级

4 级

5 级

6 级

高碳铬轴承钢球状碳化物评级(GB/T 18254—2002)

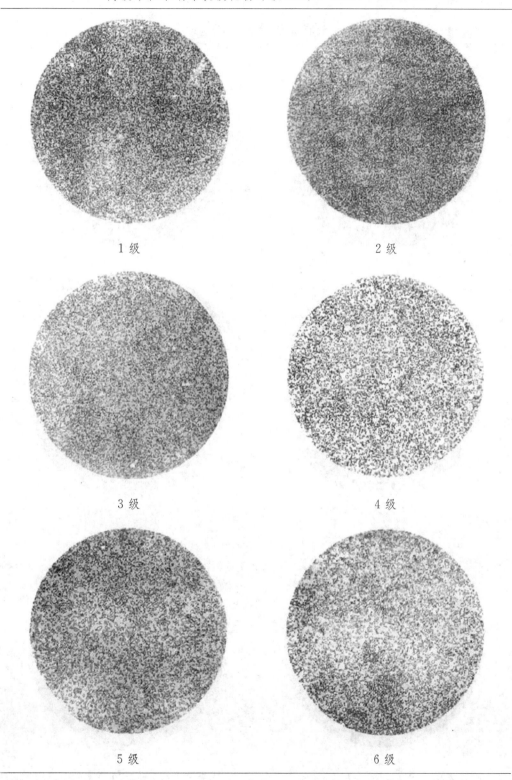

1 级

2 级

3 级

4 级

5 级

6 级

六、液析碳化物评级图(100×)

高碳铬轴承钢液析碳化物评级(GB/T 18254-2002)

1级　条状

1级　链状

2级　条状

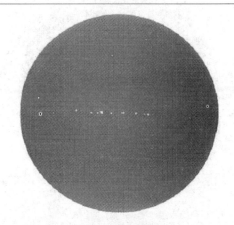

2级　链状

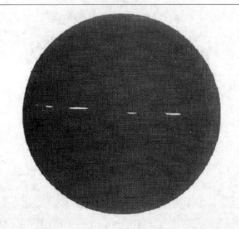

3级　条状

3级　链状

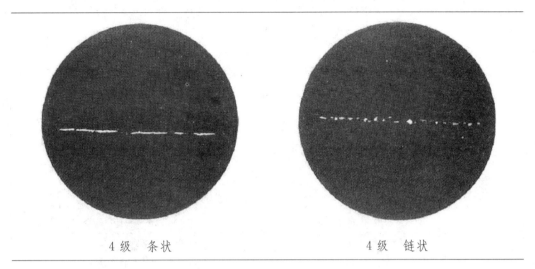

4 级　条状　　　　　　　　　　　　　　4 级　链状

七、共晶碳化物评级图(GB/T14979－94)

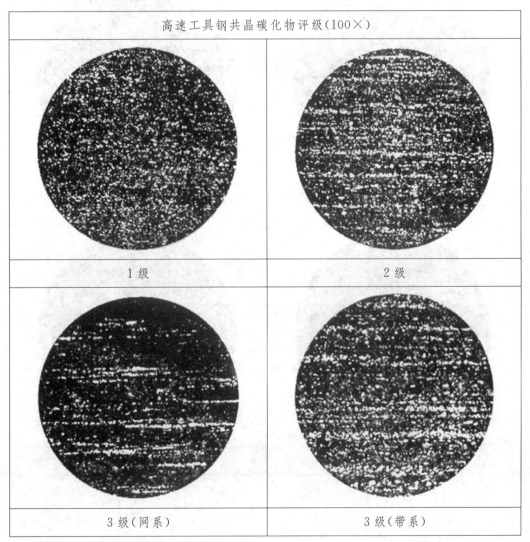

高速工具钢共晶碳化物评级(100×)	
1 级	2 级
3 级(网系)	3 级(带系)

4级（网系）　　　　　　　　4级（带系）

5级（网系）　　　　　　　　5级（带系）

6级（网系）　　　　　　　　6级（带系）

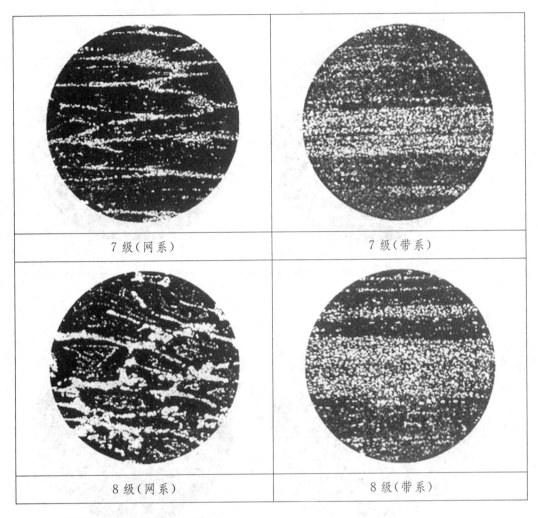

| 7 级(网系) | 7 级(带系) |
| 8 级(网系) | 8 级(带系) |

八、魏氏组织评级图(100×)

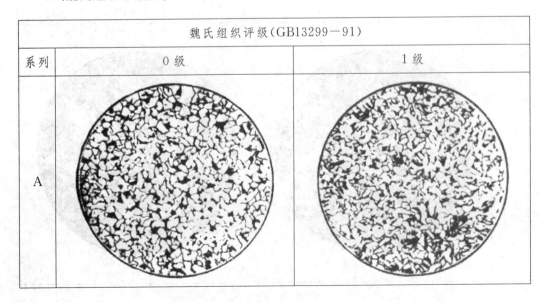

魏氏组织评级(GB13299-91)		
系列	0 级	1 级
A		

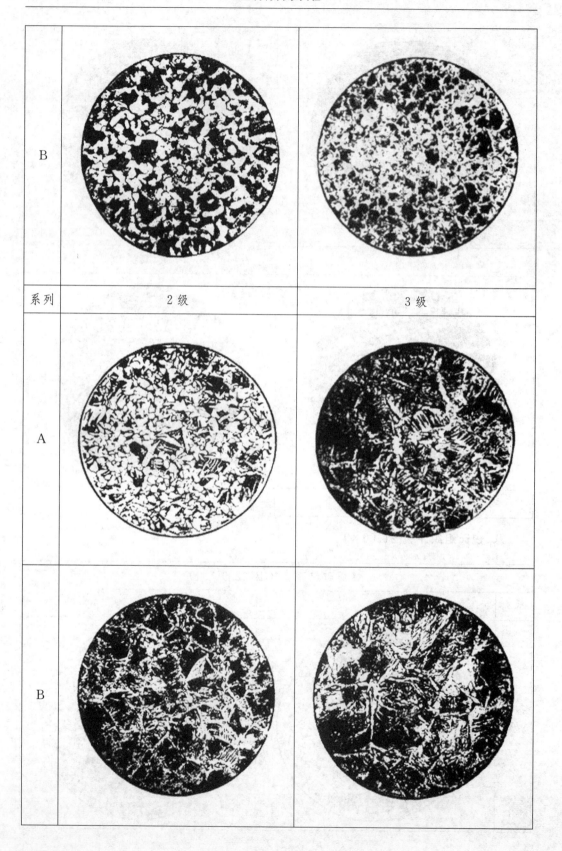

| 系列 | 2 级 | 3 级 |

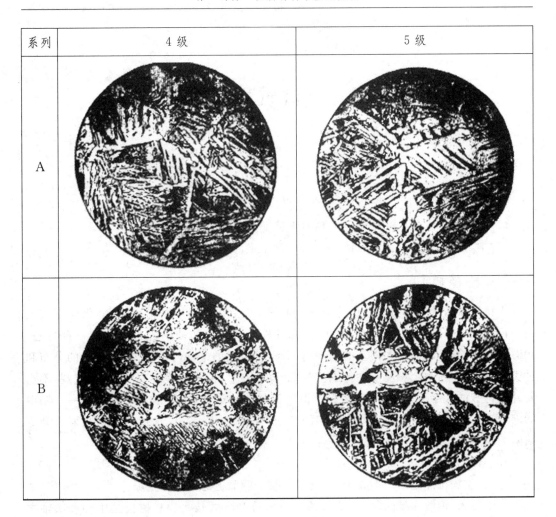

系列	4 级	5 级
A		
B		

实验十四　钢材质量的低倍检验

【实验目的】

(1)了解钢中常见的几种宏观缺陷组织特征及产生原因。

(2)学习对缺陷组织评级方法。

【实验说明】

钢材质量的低倍检验一般也称为宏观检验,是指在肉眼或者借助于 30 倍以下放大镜,对金属表面、纵断面、横断面、断口上的各种宏观组织和缺陷进行检查的一种方法。相对于高倍检验,它能在大得多的范围内,对钢材组织的不均匀性、对宏观缺陷的分布和种类进行观测,在一定程度上弥补了微观检验的不足。由于它检验方法简单、直观,不需要什么特殊的仪器设备,所以是实践中检验钢材质量最普通、最常用的方法之一。钢中的宏观缺陷种类很多,本节主要介绍钢的疏松、偏析、白点、缩孔、裂纹、气泡、金属夹杂等缺陷的组织特征及评定标准。

1. 一般疏松

特征:酸浸试片上组织不致密,呈分散在整个截面上的暗点和空隙。

产生原因:钢液在凝固时,各结晶核心以树枝晶形式长大。在树枝晶主轴和次轴之间存在着钢液凝固时产生的微空隙和析集一些低熔点组员、气体和非金属夹杂物。这些微空隙和析集的物质经酸浸后呈现组织疏松。

评定原则:根据分散在整个截面上的暗点和空袭的数量、大小及分布状态,并考虑树枝晶的粗细程度而定。

2. 中心疏松

特征:在酸浸试片的中心部位呈集中分布的空隙和暗点。

产生原因:钢液凝固时体积收缩引起的组织疏松及钢锭中心部位因最后凝固使气体析集与夹杂物聚集较为严重所致。

评定原则:以暗点和空隙的数量、大小及密集程度而定。

3. 锭型偏析

特征:在酸浸试片上呈腐蚀较深的、并有暗点和空隙组成的、与原锭型横截面形状相似的框带,一般为方形。

产生原因:在钢锭结晶过程中,柱状晶区与中心等轴晶区交界处的成分偏析和夹杂聚集所致。

评定原则:根据方框形区域的组织疏松程度和框带的宽度加以评定。

4. **点状偏析**

特征:在酸浸试片上呈不同形状和大小的暗色斑点。当斑点分布在整个截面上时称为一般点状偏析;当斑点存在于边缘时称为边缘点状偏析。

产生原因:一般认为是结晶条件不良、钢液在结晶过程中冷却较慢的成分偏析。当气体和夹杂物大量存在时,点状偏析严重。

评定原则:以斑点的数量、大小和分布状况而定。

5. **皮下气泡**

特征:在酸浸试片上,于钢坯的皮下呈分散或成簇分布的细长裂缝或椭圆形气泡。细长裂缝多数垂直于钢坯的表面。

产生原因:由于钢锭模内壁清理不良和保护渣不干燥等原因造成。

评定原则:测量气泡离钢坯表面的最远距离及试片直径或边长的实际尺寸。

6. **内部气泡**

特征:在酸浸试片上呈直线或弯曲状的长度不等的裂缝,其内壁较为光滑,有的伴有微小可见夹杂物。

产生原因:由于钢中含有较多气体所致。

评定原则:以裂缝长度、条数而定。

7. **残余缩孔**

特征:在酸浸试片的中心区域呈不规则的折皱裂缝或空洞,在其上或附近常伴有严重的疏松、夹杂物和成分偏析。

产生原因:由于钢液在凝固时发生体积集中收缩而产生的缩孔并在热加工时因切除不尽而部分残留,有时也出现二次缩孔。

评定原则:以裂缝和空洞大小而定。

8. **翻皮**

特征:在酸浸试片上呈亮白色弯曲条带,并在其上有气孔和夹杂物;有的呈不规则暗黑线条;有的由密集的空隙和夹杂物组成的条带。

产生原因:在浇注过程中表面硬化膜翻入钢液中,凝固前未能浮出所致。

评定原则:已在试片上出现的部位为主,并考虑翻皮的长度而定。

9. **白点**

特征:在酸浸试片上除边缘区域外的部分表现为锯齿形的细小发裂。

产生原因:钢中含氢量高,经热加工后冷却时,由于组织应力而产生。

评定原则:以裂缝长短、条数而定。

10. **轴心晶间裂缝**

特征:在酸浸试片上以晶间裂缝形式出现在钢的轴心部位,表现特征为蜘蛛网状。

产生原因:一般出现于高合金不锈耐热钢中,有时也出现在高合金结构钢中。

评定原则:根据缺陷存在的严重程度而定。

11. **非金属夹杂**

特征:在酸浸试片上成不同形状和颜色的颗粒。

产生原因:冶炼或浇注系统的耐火材料或赃物进入并留在钢液中所致。

评定原则:在空洞或空隙中用肉眼未发现夹杂物,应不评为非金属夹杂。但对质量要求高的钢种建议用高倍补充检验。

12. 异金属夹杂

特征:在酸浸试片上颜色与基体组织不同,无一定形状的金属块。有的与基体组织有明显界限,有的界限不清。

产生原因:冶炼不当,合金料未完全熔化或浇注时调入异金属所致

【实验材料及设备】

(1)材料:各种制备好的低倍检验酸浸试片。

(2)主要设备:30 倍放大镜。

附录 4　钢材质量低倍检验标准

GB/T 1979—2001

A.2　评级图二

直径或边长为 40mm～150mm 的钢材（锻、轧坯）。

一般疏松

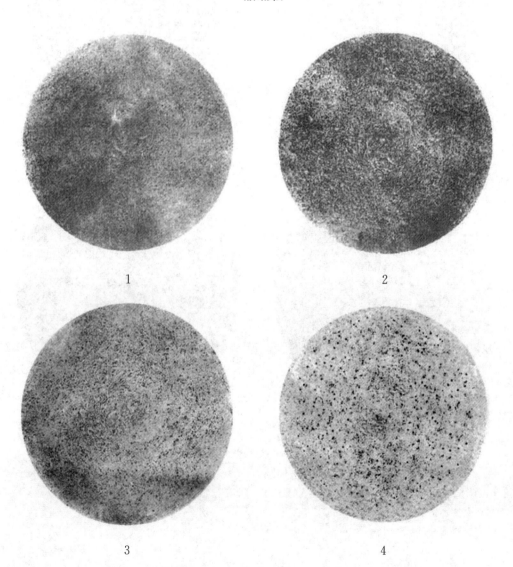

1

2

3

4

中心疏松

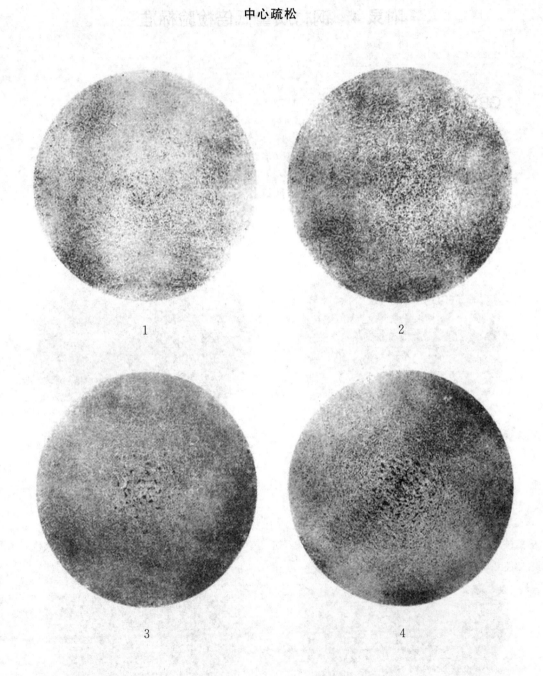

1　　　　　　　　　　　　　2

3　　　　　　　　　　　　　4

锭型偏析

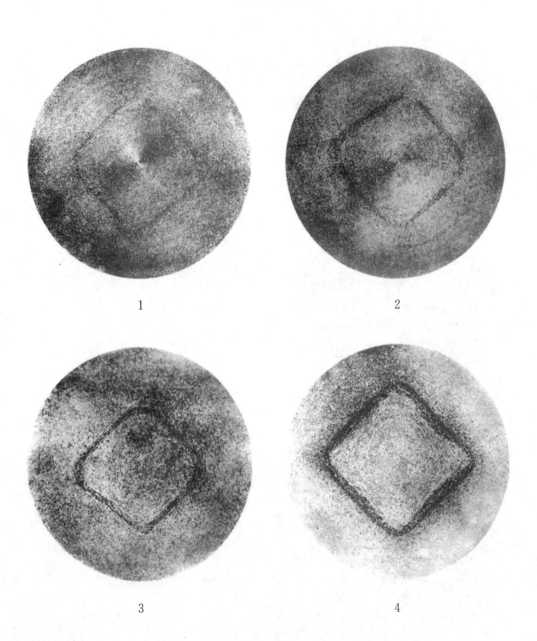

1   2

3   4

般斑点状偏析

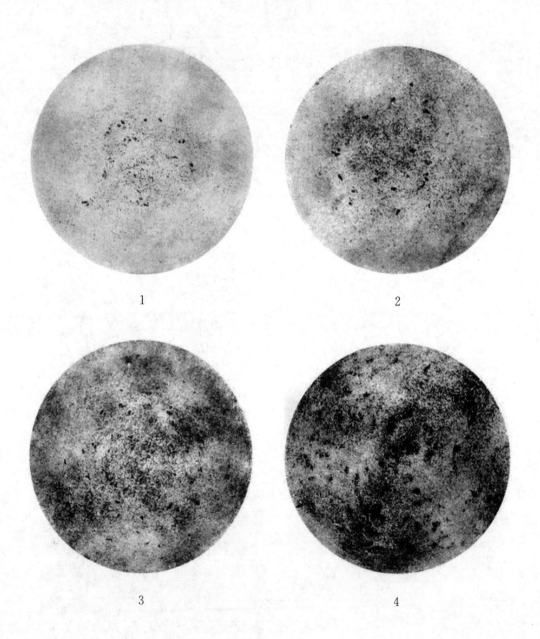

1

2

3

4

边缘斑点状偏析

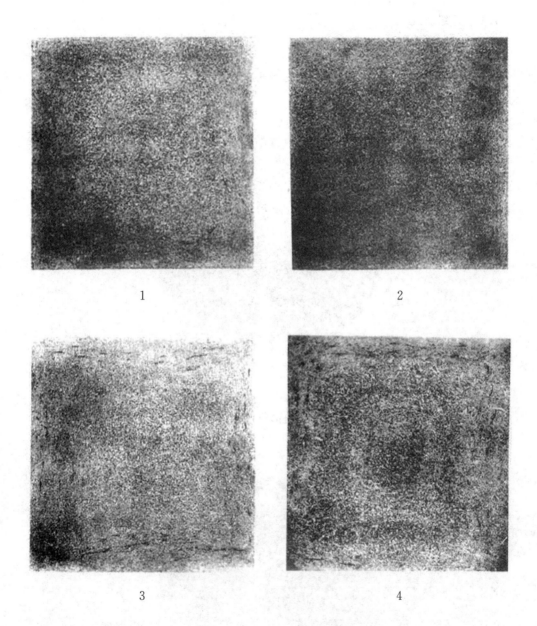

1

2

3

4

GB/T 1979—2001

A.6　评级图六

所有规格,尺寸的钢材(锻、轧坯)。

皮下气泡

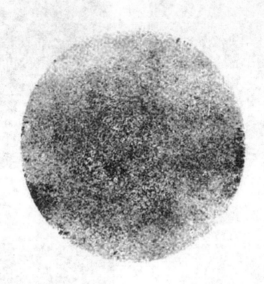

内部气泡

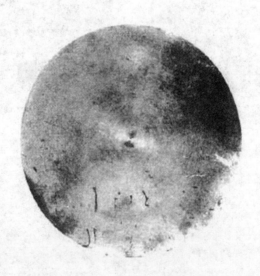

残余缩孔

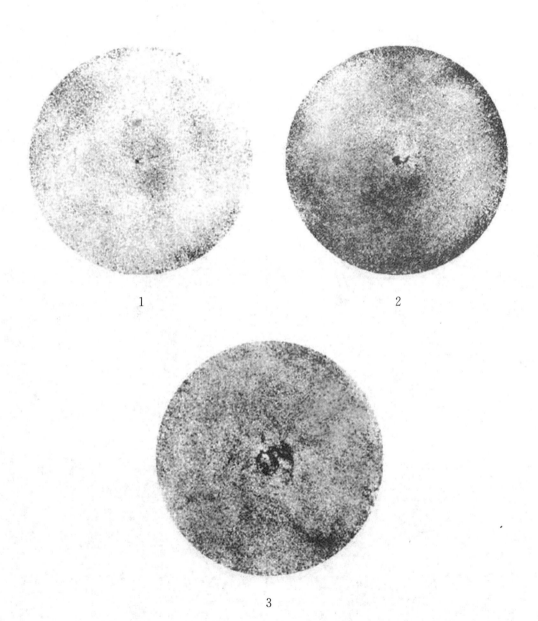

1

2

3

翻　皮

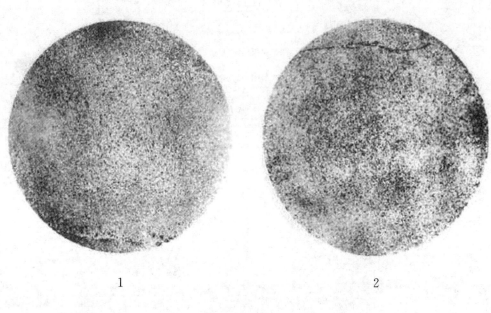

1　　　　　　　　　　　　　　2

3

白　点

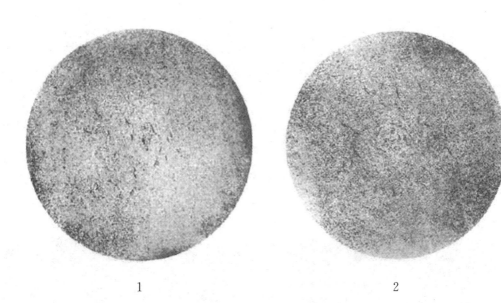

1　　　　　　　　　　　　2

3

轴心晶间裂缝

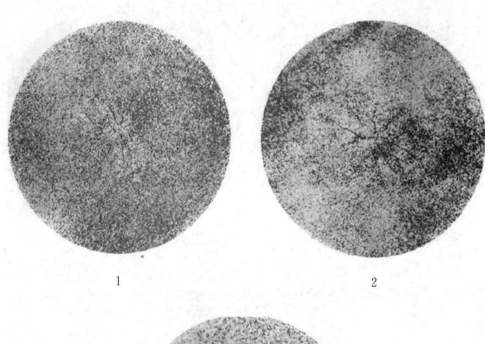

1   2

3

非金属夹杂

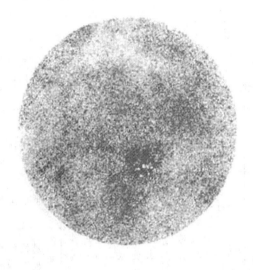

异金属夹杂

附录5　宏观分析浸蚀剂

一、常用宏观浸蚀剂

序号	浸蚀剂成分	使用说明	适用范围
1	盐酸　50mL 水　　50mL	加热至60℃～70℃或沸腾时使用，时间15～30s	检查钢中偏析、夹杂、裂缝、疏松，主要用于碳钢
2	盐酸　38mL 硫酸　12mL 水　　18mL	加热至95℃或沸腾时使用，浸蚀时间15～30s	使用同上，主要用于不锈钢
3	盐酸　50mL 硫酸　7mL 水　　18mL	加热或沸腾时使用，浸蚀时间15～60s用热水洗或Na_2CO_3中和	浸蚀各种钢，显示树枝状与纤维状组织、疏松、偏析及其他缺陷
4	硝酸　10mL 水　　90mL	室温	显示碳钢及低合金钢的粗视组织
5	硝酸　1份 水　　3份	预先加热到80℃	显示铸态和锻造的奥氏体钢的粗视组织
6	过硫酸铵　10g 水　　90mL	室温	显示焊接结构及铜合金
7	氢氟酸　15mL 盐酸　45mL 硝酸　15mL 水　　25mL	室温	显示铝合金的粗视组织
8	氢氟酸　10mL 盐酸　15mL 水　　90mL	室温	显示铝合金的粗视组织
9	重铬酸钾　15mL 硫酸　100mL 水　　100mL	预先加热到60℃，浸蚀5～10s	显示青铜的粗视组织
10	重铬酸钾　15mL 硫酸　100mL 加水至　500mL	室温	显示锻件硫的分布
11	二氧化铜　85g 氯化铵　53g 水　　100mL	浸蚀30～60s，水洗，并擦去表面铜模	显示低碳钢焊缝粗视组织，可看大的气孔、硫磷夹杂物的分布
12	醋酸　10mL 水　　90mL	室温	显示镁合金的粗视组织

二、常用热酸蚀浸蚀剂

序号	浸蚀剂成分	浸蚀时间(min)	温　度	适 用 范 围
1	工业盐酸水溶液 (1:1体积分数)	5～10	60℃～80℃	易切削钢
2		5～15		碳钢、硅锰弹簧钢、铁素体钢、马氏体钢、复相不锈耐酸耐热钢
3		15～20 20～40		合金钢、轴承钢、高速工具钢
4	盐酸10份、硝酸1份、水10份(体积分数)	5～25	60℃～70℃	奥氏体不锈钢、耐热钢
5	盐酸38份、硝酸1份、水50份(体积分数)	15～25	60℃～80℃	碳素结构钢、合金钢、高速工具钢

三、常用冷酸浸蚀剂

序号	浸蚀剂成分	适 用 范 围
1	盐酸50mL、硫酸35mL、硫酸铜150g	碳钢与合金钢
2	氯化高铁200g、硝酸300mL、水100mL	
3	盐酸300mL、氯化高铁500mL加水至1000mL	
4	10%～20%过硫酸铵水溶液	碳素结构钢、合金钢
5	10%～40%硝酸水溶液	
6	氯化高铁饱和水溶液加少量硝酸(每500mL溶液加10mL硝酸	
7	硝酸1份盐酸3份	合金钢
8	硫酸铜100g、盐酸和水各500mL	
9	硝酸60mL、盐酸200mL、氯化高铁50g	精密合金、高温合金
10	过硫酸铵30g、水50mL	
11	工业氯化铜铵100～250g、水1000mL	碳素结构钢、合金钢

实验十五　合金钢的显微组织观察与分析

【实验目的】

熟悉常见合金钢的显微组织。

【实验说明】

合金钢的种类很多,每类钢又有许多钢种,各钢种经不同的热处理后可得到不同的组织。钢中加入合金元素后,形成合金奥氏体、合金铁素体、合金贝氏体、合金马氏体,其组织形态与碳钢完全相同,不同的是各相组成物内固溶了合金元素。碳钢中的碳化物是渗碳体 Fe_3C;而合金钢中的碳化物可以是合金渗碳体$(Fe、Me)_3C$,也可以是特殊碳化物。由于合金元素对 T－T－T 曲线、M_S点、回火稳定性等多方面的影响,因此通过相同热处理工艺的合金钢和含碳量相同的碳钢比较,可以看出显微组织中,各组成相的形态、大小、数量、分布情况等都有所不同。

下面仅对几种常用钢种在不同热处理条件下的组织进行分析。

1. 16Mn

此钢是普通低合金钢中使用量最大的钢种,一般都在热轧态使用,属铁素体－珠光体钢。

显微组织特征:块状铁素体＋珠光体团

2. 40Cr

此钢是调质钢,经调质处理(淬火＋高温回火)后的显微组织是回火索氏体。即在再结晶的铁素体基体上弥散分布着较细小的粒状碳化物。

回火索氏体中铁素体(α 相)形态,与回火温度的高低有关,α 相发生回复时基本上呈板条状或片状形态,α 相发生再结晶后,成为等轴状晶粒。

3. 18CrMnTi

此钢是渗碳钢,经渗碳、淬火＋低温回火后,获得回火马氏体组织,由于钢经渗碳后表面与心部的化学成分不同,表层为高碳回火马氏体(针状、隐针状),内层为低碳回火马氏体(板条状)或还有铁素体＋珠光体。回火马氏体与淬火马氏体的形态是一样的。但由于高碳马氏体在低温回火过程中析出弥散的细小的 ε 碳化物,低碳马氏体在低温回火过程中碳原子在位错线附近的偏聚,使回火马氏体易受浸蚀,在光学显微镜下呈灰黑色,而淬火马氏体由于受蚀力差而呈灰白色。

4. 60Si2Mn

此钢是弹簧钢,经淬火＋中温回火后获得回火屈氏体,即在铁素体基体上弥散分布着细小的粒状碳化物颗粒。由于 α 相的亚结构尚未长大,所以回火屈氏体中的铁素体仍保持板状或片状形态,但颜色较回火马氏体深。

5. GCr15

此钢是轴承钢的典型钢种。此钢在铸态下的显微组织为珠光体基体上分布着连续的大块碳化物。经球化退火后,在 500 倍放大倍数下的显微组织应是:在铁素体基体上均匀分布着小球状碳化物。GCr15 淬火(850℃)后的显微组织应为:在隐针马氏体基体上均匀分布着细小的未溶碳化物颗粒及少量残余奥氏体。淬火回火(150℃~160℃回火)后的显微组织为:在隐针回火马氏体基体上均匀分布着细小的碳化物颗粒。

GCr15 钢需对碳化物液析、碳化物带状、碳化物网状、球化组织及非金属夹杂物等进行评级检验。

6. 9CrSi

此钢是低合金工具钢,经球化退火后,显微组织应为:在铁素体基体上均匀分布着小球状碳化物。淬火回火(860℃淬火+170℃回火)后的显微组织是在回火马氏体基体上均匀分布着细粒状的碳化物及少量残余奥氏体。

7. Cr12

此钢为冷作模具钢,主要牌号有 Cr12、Cr12Mo、Cr12MoV 等。属亚共晶钢(莱氏体钢),其铸态组织为:索氏体+共晶碳化物。等温退火后的组织为:在铁素体基体上分布着较大颗粒的碳化物及均匀分布的粒状碳化物。淬火+低温回火的组织为:回火马氏体+碳化物+残余奥氏体。

8. 5CrNiMo

此钢是热作模具钢。锻后退火组织为:铁素体+珠光体。淬火回火(850℃淬火+550℃回火)后的显微组织为:回火索氏体+回火屈氏体。

9. 3Cr2W8V

此钢也是热作模具钢。该钢虽然只含 0.3%~0.4%C,但由于 W、Cr 含量高,锻后不完全退火组织为:珠光体+碳化物,所以已属过共析钢。3Cr2W8V 钢经 1050℃油淬+600℃回火后得到的组织为:回火马氏体+少量粒状碳化物。

对合金工具钢常需进行退火态下珠光体的评级检验,在淬火马氏体及淬火+低温回火状态下对网状碳化物、共晶碳化物及淬火晶粒度进行检验。

10. W6Mo5Cr4V2

此钢属莱氏体钢种。

其铸态组织为:共晶碳化物+马氏体+残余奥氏体;

锻造后组织为:马氏体+残余奥氏体+破碎的(一次)碳化物;

退火组织为:索氏体+(一次、二次)碳化物;

淬火组织为:淬火马氏体+残余奥氏体+未溶碳化物;

回火组织为:回火马氏体+未溶碳化物+少量残余奥氏体;

对高速钢需进行在淬火回火态下碳化物不均匀性的评级检验,在淬火态下淬火晶粒度评级,淬火过热缺陷、回火程度及碳化物溶解情况评级。

11. Cr18Ni9 型不锈钢

此钢为奥氏体不锈钢,主要牌号有 Cr18Ni9、1Cr18Ni9Ti、00Cr18Ni10(≤0.03%C)

等。经 1100℃左右固溶处理后水冷,得均匀的单相奥氏体组织。在奥氏体晶粒内有孪晶。

12. Cr17 型不锈钢

此钢是铁素体不锈钢,主要牌号有 Cr17、0Cr17Ti 等。退火组织为:铁素体＋碳化物。

13. Cr13 型不锈钢

此钢属马氏体不锈钢,含碳量 0.05%～0.45%。退火组织为:铁素体＋铬碳化物。Cr13 型不锈钢经淬火回火后使用。由于钢的碳含量不同,经热处理后获得的组织也不同。当含碳量<0.1%时,在高温下为奥氏体＋δ 铁素体,淬火后得到马氏体＋铁素体组织。含碳量>0.1%的 Cr13 型不锈钢,在高温下为单相奥氏体,淬火后得到马氏体组织。1Cr13 和 2Cr13 经 950℃～1000℃淬火＋700℃回火后得到回火索氏体组织。3Cr13、4Cr13 经 950℃～1000℃淬火＋200～280℃回火后,得到回火马氏体组织。

14. Mn13(高锰钢)

此钢的铸态组织为奥氏体＋碳化物(M_3C),碳化物常以针状分布在晶内或以网状沿晶界分布。铸态组织中的碳化物显著地降低钢的强度、韧性及耐磨性。为了消除碳化物,获得单一的奥氏体组织,必须进行固溶处理,即加热到 1000℃～1050℃奥氏体化后,迅速淬入水中。单相奥氏体晶粒内常有孪晶。

15. 硅钢片

硅钢片是一种用量最大的软磁合金,其含硅大多在 5%以下,室温显微组织为含硅的铁素体。

【实验材料及设备】

(1)表 15－1 所列金相试样。

(2)材料:金相砂纸、研磨膏、抛光呢、4%硝酸酒精、10%硝酸酒精、王水、硝酸、4%苦味酸酒精、酒精、$FeCl_3$－HCl 饱和溶液、脱脂棉等。

(3)主要设备:金相显微镜、抛光机、电吹风等。

【实验内容与步骤】

逐块观察分析表 15－1 中试样的显微组织。

表 15－1   合金钢的热处理及显微组织

编 号	材 料	热处理状态	显微组织	浸蚀剂
1	16Mn	热轧	铁素体＋珠光体	4%硝酸酒精
2	18CrMnTi	800℃～800℃淬火 150℃～170℃回火	回火马氏体	4%硝酸酒精
3	18CrMnTi	840℃退火	铁素体＋珠光体	4%硝酸酒精
4	40Cr	870℃正火	铁素体＋珠光体	4%硝酸酒精

（续表）

编号	材料	热处理状态	显微组织	浸蚀剂
5	40Cr	850℃淬火 550℃回火	回火索氏体	4％硝酸酒精
6	60Si2Mn	870℃淬火 460℃回火	回火屈氏体	4％硝酸酒精
7	GCr15	840℃淬火 160℃回火	回火马氏体＋碳化物	4％硝酸酒精
8	9CrSi	880℃淬火 170℃回火	回火马氏体＋碳化物	4％硝酸酒精
9	W18Cr4V	1280℃淬火 560℃回火三次	回火马氏体＋碳化物	10％硝酸酒精
10	Cr12	1100℃淬火 550℃回火	回火马氏体＋碳化物	4％硝酸酒精
11	5CrNiMo	850℃淬火 550℃回火	回火屈氏体＋ 回火索氏体	4％硝酸酒精
12	3Cr2W8V	1050℃淬火 600℃回火	回火索氏体＋碳化物	4％硝酸酒精
13	3Cr13	1000℃淬火 250℃回火	回火马氏体	$FeCl_3$、HCl 饱和溶液 ＋少量硝酸
14	1Cr18Ni9Ti	1100℃水冷	奥氏体	王水（3 份 HCl、 1 份 HNO_3）
15	1Cr18Ni9Ti	1100℃水冷	奥氏体＋少量碳化物	4％硝酸酒精 15～20min 浸蚀后， 4％苦味酸酒精热蚀
16	硅钢片	720℃～780℃退火	铁素体	4％硝酸酒精

【实验报告要求】

（1）绘出指定的几种合金钢的显微组织示意图，用箭头标出相组成物和组织组成物，并在图下注明材料、热处理状态、浸蚀剂、放大倍数，说明其组织特征。

（2）比较各试样显微组织特征，并分析讨论之。

实验十六　钢中非金属夹杂物的金相鉴定

【实验目的】

(1)了解钢中常见的非金属夹杂物的特征。

(2)学习利用金相显微镜鉴定非金属夹杂物的方法。

【实验说明】

一般来说钢中非金属夹杂物的存在破坏了基体金属的连续性,对钢的性能有不利的影响,其影响的程度主要取决于夹杂物的性质、形状、大小、数量及分布状态。因此研究分析钢中非金属夹杂物是控制、提高钢材质量的一项重要课题。在日常生产中,检验夹杂物也是评定钢材质量的一项常规检验项目。

金相方法鉴别钢中非金属夹杂物是利用夹杂物本身在明场、暗场和偏振光下的一些特征来判断的。

1. 非金属夹杂物的特征

(1)夹杂物的形状、大小及分布

① 在熔融状态中由于表面张力的作用而形成的滴状夹杂物,凝固后一般呈现球状。

② 具有较规则结晶状多边形(方形、长方形、三角形、六角形等)及树枝状等夹杂物,主要是结晶学因素起作用所致。

③ 当先生成相的尺寸具有一定大小时,后生成相则分布在先生成相周围。

④ 有的夹杂物常呈连续或断续的形式沿晶界分布。

⑤ 钢经轧(锻)后,塑性夹杂物沿着变形方向呈纺锤形或条带状分布。脆性夹杂物在钢变形量不大时,随钢的基体流变方向形成锥形裂缝;在大变形量下,脆性夹杂物被压碎并沿着钢的流变方向呈串链状分布。对于复合氧化物的尖晶石型夹杂物,钢经锻轧后仍保留原形,并常常从塑性夹杂物的基体中机械的分离出来。

(2)夹杂物的反射本领

在明视场下通过比较夹杂物和金属基体表面反射出光的强度,可判断夹杂物对光的反射能力。如果夹杂物的光泽与金属基体表面接近,则认为其反射能力强;若暗黑无光,则反射能力弱;介于二者之间,则反射能力中等。夹杂物的反射本领在高倍、中倍下鉴定。

(3)夹杂物的透明度及色彩

观察夹杂物的透明度及色彩应在暗视场或偏振光下进行。

任何夹杂物都具有固有的透明度及色彩。根据夹杂物的透明程度,可分为透明、不透明和半透明三种。不透明夹杂物有一亮边,这是由于夹杂物折射到金属交界处的一部分光由交界处反射出来所致。若夹杂物是透明有色彩的,则在暗场下将呈现出其固有色彩。

利用暗视场观察夹杂物较明视场有更好的衬度,所以在暗视场下能够观察到明视场难以发现的细小夹杂物。

(4)夹杂物的各向同性及各向异性效应

利用偏振光照明研究夹杂物,可以把夹杂物分为各向同性与各向异性两大类。各向同性夹杂物在正交偏振光下,将显微镜载物台转动一周中无亮度变化,而各向异性夹杂物则在转动载物台一周中有对称的四次消光、四次明亮现象。某些具有弱各向异性效应的夹杂物,则在转动载物台一周中只有二次消光、二次明亮。一般结晶成等轴晶系的夹杂物基本上是光学各向同性的,而非等轴晶系的夹杂物则具有明显的光学各向异性性质。

(5)夹杂物的"黑十字"现象

凡球状透明夹杂物,在正交偏振光下都产生中间以"黑十字"形的明暗交替的断续的同心环现象。"黑十字"现象的出现是由于透明夹杂物的规则球状外形所引起的。当球状外形遭破坏时,"黑十字"现象也即行消失。

(6)夹杂物的力学性质

夹杂物的力学性质包括硬度、脆性和可塑性。夹杂物类型不同,其显微硬度值也各不相同。硫化物显微硬度值最低,大约在 HV180～HV260;氧化物硬度值较高,大约在 HV1000～HV3500;硅酸盐硬度值介于硫化物与氧化物之间,大约在 HV600～HV800。夹杂物显微硬度的压痕形状、夹杂物硬度值的高低、夹杂物的变形情况,都可间接地反映其塑性如何。磨面上夹杂物的抛光性在一定程度上也能估计夹杂物的硬度与脆性。硬而脆的夹杂物在磨抛试样时易剥落和留下"彗星尾"的擦伤痕迹。

(7)夹杂物的化学性质

由于各类夹杂物对酸、碱化学试剂的抗蚀能力不同,夹杂物经化学试剂浸蚀后,将出现三种情况中的一种:①夹杂物溶入试剂,留下蚀坑;②染上不同的色彩或改变夹杂物的色彩;③不受浸蚀,不发生变化。

2. 钢中常见的夹杂物

钢中常见的夹杂物主要有氧化物、硫化物、硅酸盐、氮化物四大类。几种常见夹杂物的性质如表 16-1 所列。

表 16-1　钢中常见的几种夹杂物特征

名称及化学分子式	晶系及在钢中存在形式	在钢中分布情况	抛光性	反光能力	化学性质			化学性质
					在明场中	在暗场中	在偏振光中	
氧化亚铁 FeO	立方晶系,大多为球状,变形后呈椭圆形	无规律,偶尔沿晶界分布	良好	中等	灰色,边缘呈淡褐色	完全不透明,有亮边	各向同性	受下列试剂腐蚀: 3% H_2SO_4;$SnCl_2$ 饱和酒精溶液;10% HCl;$KMnO_4$ 在 10% H_2SO_4 中的沸腾溶液;5% $CuSO_4$

（续表）

名称及化学分子式	晶系及在钢中存在形式	在钢中分布情况	抛光性	反光能力	化学性质			化学性质
					在明场中	在暗场中	在偏振光中	
氧化亚锰 MnO	立方晶系，呈不规则形状结构，加工后沿加工方向略有伸长	无规则，成群分布	良好	低	暗灰色，有时内部呈现绿宝石色	在薄层中透明，呈现绿宝石色	各向同性，在薄层中呈绿色	受 $SnCl_2$ 饱和酒精溶液、20％HCl、20％HF 酒精溶液、20％NaOH 等浸蚀
氧化亚铁和氧化亚锰固体 FeO-MnO	立方晶系，在 MnO 含量高时为八面体或不规则形状，有时呈树枝状	大多数成群分布	良好	低	随 MnO 量增加，由灰色变至紫色，在夹杂物中心有红色反光	透明度随 Mn 含量增加而增加，本身呈血红色	各向同性，透明，橙黄色到血红色并带各种色彩	受下列试剂腐蚀：3％ H_2SO_4；$SuCl$；20％HF 酒精溶液；碱苦味酸钠；并受 20％NaOH 溶液染色
氧化铝（刚玉）Al_2O_3	六方晶系，大多数情况下呈不规则的六角形颗粒，少数呈粗大颗粒	大多数聚集分布，变形后呈串链状分布	不良	低	暗灰而带黄色	透明，淡黄色	各向异性，透明，各向异性效应弱，特别是颗粒细小时	不受标准试剂作用
石英玻璃 SiO_2	非晶体，呈球状	无规律	良好	低	深灰色，中心亮点并有环形反光	透明发亮	各向同性，透明，有黑十字特征	在 HF 中蚀掉
硅酸亚铁 $2FeO \cdot SiO_2$	正交晶系，主要呈球状	无规律	良好	中等	暗灰色	透明，色彩由黄绿色到亮红或暗红色，且有亮环	各向异性，透明	在 HF 中蚀掉
硫化铁 FeS	六方晶系，常呈球状、水滴状或共晶状，易于变形方向拉长	晶内或沿晶界分布	良好	较高	淡黄色	不透明，有亮边	各向异性，不透明	在碱性苦味酸中变黑或蚀掉

（续表）

名称及化学分子式	晶系及在钢中存在形式	在钢中分布情况	抛光性	反光能力	化学性质			化学性质
					在明场中	在暗场中	在偏振光中	
硫化锰 MnS	立方晶系	晶内或沿晶界分布	良好	中等	蓝灰色	稍透明，呈黄绿色	各向同性，透明	10％铬酸水溶液中蚀掉
硫化铁与硫化锰固溶体 FeS-MnS	主要呈球状或条带状	晶内或沿晶界分布	良好	中等	蓝灰色	不透明	各向同性，不透明	10％铬酸水溶液中蚀掉
氮化钛 TiN	立方晶系，呈有规则的几何形状（正方形、矩形）	成群分布，变形后呈串链状分布	不良，易磨掉	高	金黄色的规则形状	不透明，周围有亮边	各向同性，不透明	不受标准试剂作用
Ti(C、N)	立方晶系，形状不规则	成群分布，变形后呈串链状分布	不易磨掉	高	随含C量不同，浅黄色到紫玫瑰色	不透明	各向同性，不透明	不受标准试剂作用

3. 非金属夹杂物的金相鉴定

分析夹杂物的试样经磨制抛光后一般不浸蚀，直接在显微镜下观察分析。制备好的试样必须保证夹杂物不脱落，外形完整没有拖尾、扩大等现象，观察面上应无沾物、麻坑、水迹及划痕等缺陷。否则给夹杂物的分析鉴别带来困难，尤其是沾污物、麻坑易与夹杂物相混。有时，沾污物、麻坑等制样缺陷难免存在，在实际分析中要加以区别，下面简述一般制样缺陷在显微镜下的一些特征。

外来污物一般都保持其本身的固有色彩，没有清晰的边界，存在明显的浮凸现象。

水迹有无规则的彩色斑痕或环状圈，它们紧附在样品表面，具有清晰的边界。

麻坑是由于抛光时间过长而形成的坑洞，在显微镜下呈陷坑，调节微调旋钮时坑洞大小会发生变化，有时隐约可见到坑底内部粗糙的金属基体，坑洞在暗场下由于光的散射是透明发亮的。

划痕在显微镜下呈直线状的划线，调节微调旋钮时可见划痕底部的金属光泽，划痕在暗场和偏光下也透明发亮。

（1）明场鉴定

在明场下，主要观察夹杂物的形状、大小、分布、数量、表面色彩、反光能力、磨光性和可塑性等。通常在100～500倍下进行。

（2）暗场鉴定

在暗场下主要观察夹杂物的透明度和固有色彩。

（3）偏振光鉴定

在偏振光下主要鉴别夹杂物的各向异效应和"黑十字"等现象，也可观察到夹杂物的透明度和固有色彩。

夹杂物的金相鉴定是一项难度较高的分析工作，欲正确无误的区别和确定夹杂物的类型、性质，需要分析者具有丰富的实践经验，必要时需与其他分析手段相结合，方可得到正确结论。一般情况下，夹杂物的鉴别程序见附录6，供使用中参考。

【实验材料及设备】

（1）表16-2夹杂物金相试样。

（2）材料：金相砂纸、研磨膏、抛光呢、酒精、脱脂棉等。

（3）主要设备：金相显微镜、带偏光暗场的金相显微镜、抛光机、电吹风等。

表16-2　几种典型的夹杂物组织特征

编　号	夹杂物类型	浸蚀剂	放大倍数
1	氧化物	未浸蚀	200
2	硫化物	未浸蚀	200
3	硅酸盐	未浸蚀	200
4	氮化物	未浸蚀	200
5	SiO_2明场	未浸蚀	400
6	SiO_2偏光	未浸蚀	400

【实验内容与步骤】

在明场、暗场、偏振光下逐块观察试样，分析鉴别夹杂物。

【实验报告要求】

绘出各夹杂物的示意图，并说明其特征。

组织示意图（1）

组织示意图（2）

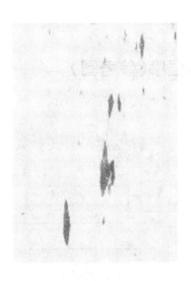

组织示意图(3)

组织示意图(4)

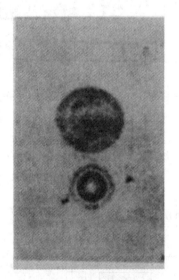

组织示意图(5)

组织示意图(6)

附录6 夹杂物的鉴别程序(参考图)

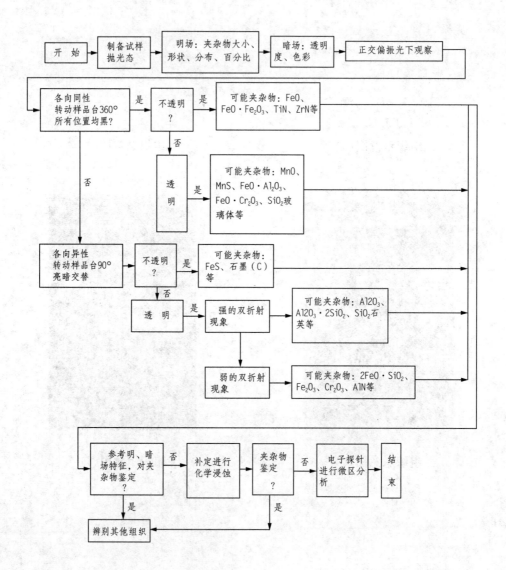

实验十七　铸铁显微组织观察与分析

【实验目的】

熟悉常见铸铁显微组织的特征。

【实验说明】

铸铁是含碳量大于 2.11％的铁碳合金。碳在铸铁中除少量溶解于基体外,通常以游离态的石墨存在,或者以化合物状态的渗碳体存在。按化学成分,铸铁可分为一般铸铁和合金铸铁两类。在一般铸铁中,除了铁和碳以外,还会有硅、锰元素以及硫、磷等杂质元素。在合金铸铁中有根据需要加入的铜、钼、铬、钨等合金元素。铸铁在机械性能方面比钢低,但是它生产成本低廉,生产工艺、熔化设备简单,而且在减震性、耐磨性、铸造性及切削性等方面具有优良的性能,因此在工业中得到广泛的应用。

按化学成分、铸造工艺和断口划分,铸铁可分为白口铸铁、灰口铸铁、可锻铸铁和球墨铸铁。通常讲的铸铁指的就是后三种类型的铸铁。这些铸铁的组织主要是由金属基体和不同形态的石墨组成的。金属基体组织可分为珠光体、铁素体及铁素体＋珠光体三种。这些基体组织相当于钢的组织,因此铸铁组织的特征,可以认为是在钢的基体上分布着形状不同的石墨。

1. 灰口铸铁

灰口铸铁由其灰色的断口而得名。它是应用最广泛的一种铸铁,其组织是在钢的基体上分布着片状的石墨。片状石墨呈灰黑色,常呈直片或卷曲片状。石墨不是孤立的片,而是以聚集形式存在。石墨的空间形状像一朵菊花,石墨片好似花瓣。金相显微镜下看到的片状是石墨的一个截面形态。

磷在灰口铸铁中属杂质元素,而在耐磨铸铁中磷是一种重要的可利用元素,它将构成耐磨件的主要组成相——磷共晶组织,从而提高铸铁的硬度和耐磨性。

磷共晶可以分成四种:

(1)二元磷共晶——在磷化铁（Fe_3P）基体上均匀分布着 $\alpha-Fe$ 质点(有时有奥氏体分解产物);

(2)三元磷共晶——在磷化铁基体上分布着呈规则排列的 $\alpha-Fe$ 质点(有时有奥氏体分解产物)及粒状、条状或针状碳化物;

(3)二元复合磷共晶——二元磷共晶和大块状碳化物;

(4)三元复合磷共晶——三元磷共晶和大块状的碳化物。

磷共晶的熔点比较低。二元磷共晶(含 P:10.5％,Fe:89.5％)熔点为 1005℃,三元磷共晶(含 P:6.89％,C:1.96％,Fe:91.15％)熔点为 953℃。因此即使在组成相凝固后,磷共晶仍然以游离态形式存在,所以磷共晶一般存在于晶界上。随含磷量的增高,磷共晶的含量也随之增多,其分布形态也会随之而变化,常呈孤立的块状、大小不等的连续网状或连续的网链状。

磷共晶经硝酸酒精溶液浸蚀后,Fe₃P 呈白亮色,α—Fe 呈有边界白亮色,碳化物呈亮白色。采用适当的浸蚀剂可辨别二元磷共晶和三元磷共晶。

2. 球墨铸铁

球墨铸铁是通过浇注前向铁水中加入一定量的球化剂和墨化剂,使石墨结晶时成为球状而铸成的。它的显微组织是在钢的基体上分布着球状的石墨。球状石墨的光学性质为:低倍时,近似圆形;高倍时,通常不是球形而是多边形。典型的球状石墨,在明场下呈辐射状,结构清晰;在暗场下只有一个亮圈;在偏振光下,有明显的各向异性。在球墨铸铁中,除球状石墨外,常见的还有团状石墨、团片状石墨、厚片状石墨、花絮状石墨等形态。

3. 可锻铸铁

可锻铸铁又称展性铸铁。它是由白口铸铁经过石墨化退火而得的。可锻铸铁的组织是在钢的基体上分布着絮状或团絮状石墨。

【实验材料及设备】

(1)表 17-1 所列铸铁试样。

(2)材料:金相砂纸、研磨膏、抛光呢、4％硝酸酒精、酒精、脱脂棉等。

(3)主要设备:金相显微镜、抛光机、电吹风等。

【实验内容与步骤】

逐块观察各种类型铸铁的显微组织。

【实验报告要求】

绘出所观察试样的组织示意图,注明材料、浸蚀剂、放大倍数,说明组织特征。

表 17-1 铸铁显微组织特征

编 号	成分及状态	浸蚀剂	放大倍数
1	加硅变质灰口铸铁	—	160
2	灰口铸铁	—	160
3	铁素体基球墨铸铁	4％硝酸酒精	160
4	铁素体+珠光体基球墨铸铁	4％硝酸酒精	200
5	珠光体基球墨铸铁	4％硝酸酒精	200

（续表）

编　号	成分及状态	浸蚀剂	放大倍数
6	铁素体基灰口铸铁	4％硝酸酒精	160
7	灰口铸铁中的二元磷共晶	4％硝酸酒精	200
8	珠光体基灰口铸铁	4％硝酸酒精	200
9	铁素体＋珠光体基灰口铸铁	4％硝酸酒精	160
10	麻石铁	4％硝酸酒精	200
11	铁素体基展性铸铁	4％硝酸酒精	200
12	铁素体＋珠光体基展性铸铁	4％硝酸酒精	100

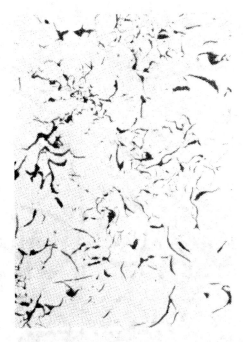

组织示意图（1）

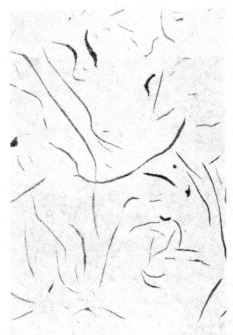

组织示意图（2）

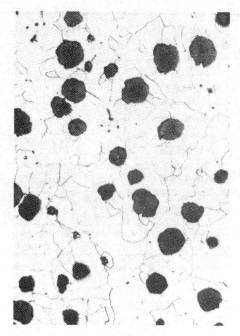

组织示意图(3)

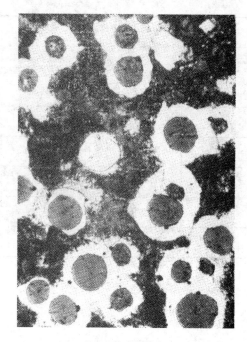

组织示意图(4)

组织示意图(5)

组织示意图(6)

组织示意图(7)

组织示意图(8)

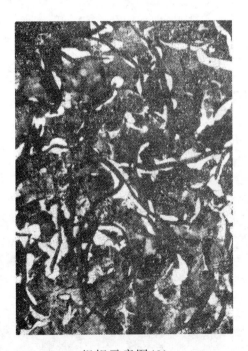

组织示意图(9)

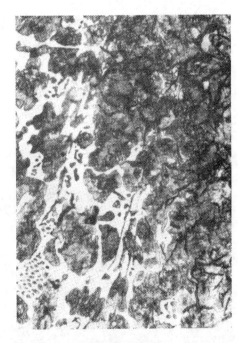

组织示意图(10)

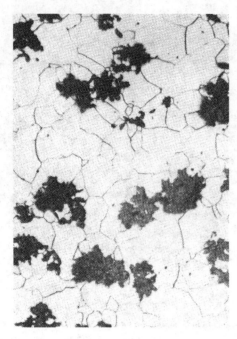

组织示意图(11)

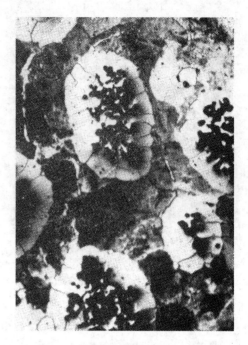

组织示意图(12)

实验十八　化学热处理后渗层组织观察及渗层深度测定

【实验目的】

(1)熟悉几种常见的化学热处理(渗碳、氮化、氰化、渗硼等)渗层组织的特征。

(2)学会用目镜测微尺测量渗层深度。

【实验说明】

钢的化学热处理,即是在一定温度下,把钢铁零件置于富有某种活性元素的介质氛围中加热,并保温一定时间,促使介质中的活性原子渗入零件表面,从而改变零件表面的化学成分,然后再经过适当的热处理,得到与零件心部不同的组织,达到改善零件表面性能的目的。下面介绍几种常见的化学热处理渗层组织及渗层深度的测量方法。

1. 渗层组织分析

(1)钢的渗碳

渗碳是将钢件置于渗碳介质中,加热到单相奥氏体区,保温一定时间使碳原子渗入钢件表面层的热处理工艺。经过渗碳处理的钢件在经过恰当的淬火和回火处理后,可提高表面的硬度、耐磨性及疲劳强度,而心部则仍保持一定的强度和良好的塑性、韧性,它主要用于受严重磨损和较大冲击载荷的零件。适合渗碳处理的材料一般为低碳钢和低碳合金钢,如20钢、20CrMnTi等。

渗碳层的组织:钢在渗碳后随着冷却方式的不同,可得到平衡状态的组织或非平衡状态的组织。

① 平衡状态的渗碳组织

钢件在高温渗碳后,自渗碳温度缓慢冷却时,渗层中将发生与其碳浓度相对应的各种组织转变,得到平衡态的组织,即从工件表面层至心部,依次为过共析层、共析层、亚共析过渡层以及心部原始组织,如图18-1所示。

过共析渗碳层:它是在渗碳零件的最表层,其碳浓度最高,在一般正常的渗碳工艺条件下,这一区的含碳量在0.8%~1.0%。过共析渗碳层在缓冷后的金相组织为珠光体＋少量网碳化物。

共析渗碳层:紧接着过共析层的是共析渗碳层,其含碳量约为0.77%。共析渗碳层缓冷后的组织全部为片状珠光体。珠光体的片间距大小取决于零件冷却速度,冷却速度越大,则珠光体片间距越小,硬度越高。

亚共析过渡层:这一层紧接着共析层,其碳浓度随着离表面距离增加而减小,直至过

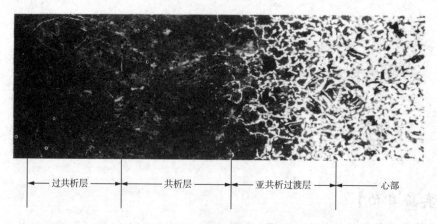

图 18-1　20 钢 930℃渗碳后缓慢冷却组织(100×)

渡到心部原始成分为止。亚共析过渡层缓慢冷却后得到的金相组织为珠光体＋铁素体。越接近心部,铁素体含量越多,而珠光体含量越少。

心部组织:未受渗碳影响仍保持原材料成分,金相组织为铁素体＋珠光体。

② 非平衡状态的渗碳组织

渗碳改变了零件表面层的含碳量,但为了获得不同的组织和性能而满足渗碳件的使用要求,还必须进行适当的淬火和低温回火处理。其中常用的淬火方法是直接淬火和一次淬火等。直接淬火,即渗碳后直接淬火(如图 18-2 所示);一次淬火,在渗碳件冷却之后,重新加热到临界温度以上保温后淬火。零件渗碳淬火后,由于淬火工艺和材料等有差异而得到不同组织。但零件表面至心部的基本组织仍为:马氏体＋碳化物(少量)＋残余奥氏体→马氏体＋残余奥氏体→马氏体→心部低碳马氏体(或屈氏体、索氏体＋铁素体)。

图 18-2　20 钢渗碳后直接淬火组织(500×)

(2)钢的氮化

经渗氮的零件,不仅可以提高表面的硬度及耐磨性,还可以提高零件的疲劳强度及抗腐蚀性能。这是由于氮原子渗入钢中能与铁原子形成一些氮化物而引起的。氮化层的组织取决于渗氮层的化学成分,氮化钢中经常加入铬、钼、铝等元素,这些元素和氮均能形成氮化物,但氮化过程主要还是铁和氮的作用。

从 Fe—N 相图(如图 18-3 所示)中可以看出,随着合金中氮含量的增加,铁与氮可以形成以下 5 种相:

α 相——是氮在 α—Fe 中的固溶体(即含氮铁素体),为体心立方点阵。

γ 相——是氮在 γ—Fe 中的固溶体(即含氮奥氏体),为面心立方点阵。在 590℃时 γ 相发生共析分解成为 α+γ′ 共析组织。

γ′ 相——是一种可变成分的间隙相,它存在于 5.7%~6.1%N 的范围内,为面心立方点阵。当氮含量为 5.9%时,其成分符合化合物 Fe_4N 分子式。

ε 相——是以氮化物 $Fe_{2\sim3}N$ 为基础的间隙组,为密排六方点阵。室温下的氮含量为 8.1%~11%,在氮含量的下限时符合 Fe_3N 分子式。ε 相性脆且不易被浸蚀,在显微镜下呈亮白色。

ξ 相——是以 Fe_2N 为基础的间隙固溶体,为密排六方点阵。含氮量在 11.0%~11.35%范围内,它的性质硬而脆。ε 相和 ξ 相的抗腐蚀性能均较强,在显微镜下两相不易区分,均呈白亮色。ξ 相在 500℃以上转变为 ε 相。所以氮化温度在 500℃以上,表层氮浓度达到 11.0%以上时,在缓冷过程中就会发生 ε→ξ 相的转变。由于 ξ 相很脆弱,因此,氮化层的氮浓度不能太高以免 ξ 相出现。

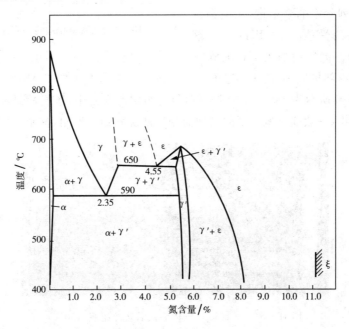

图 18-3 Fe—N 相图

氮化层的含氮量及氮化组织:实际生产中采用的氮化温度,多在 590℃以下、500℃以上。从 Fe—N 相图可以看出,纯铁在此温度下,当表层氮含量为 10%时,其渗层组织由表及里依次为:ε、γ′、α 三层所组成。从氮化温度缓冷到室温,则渗层组织由表及里依次为:ε 相、ε+γ′ 双相区、γ′ 相(γ′ 相很薄,在金相显微镜下往往观察不到)、α+γ′ 双相区(γ′ 相在 α 相一定的晶面上析出呈针叶状,针之间互成一定的角度)。因此,室温下纯铁氮化层组织由表面到中心依次为 ε→ε+γ′→γ′→γ′+α→α,如图 18-4 所示。在金相显微镜下,ε 相和 ε+γ′ 双相层浸蚀后均呈白亮色,这两层难以区分开,故常把这两层组织统称为白亮层。α相是很好观察的,α+γ′两相区容易被浸蚀,在白亮层内呈暗黑色,若在高倍显微镜下观察,可以看到在α相基体上分布着具有一定相位关系的灰黑色针叶状γ′相。所以,整个氮化层是由白亮层(ε、ε+γ′)、α+γ′、α相三层组成。

碳素钢的氮化层组织与纯铁氮化层组织相似。氮在钢中能溶入渗碳体,形成$Fe_3(C,N)$化合物,碳钢中的ε相为含氮及碳的间隙相,γ′相是含有氮的间隙相。

合金钢的氮化与碳钢相似,所不同的是合金钢中的某些合金元素,如铝、钛、铌、钒、钨、钼及铬等和氮均能形成氮化物。这些氮化物较渗碳体更加稳定,氮化物愈弥散,则氮化层的硬度及耐磨性愈高。故加入上列元素的合金钢,比碳钢氮化后具有更好的性能(如常用的氮化钢38CrMoAl等)。但钢中加入上述元素将

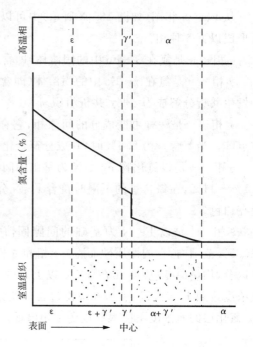

图18-4　纯铁氮化缓冷渗层组织示意图

阻碍氮原子向内部扩散,使氮化层厚度减薄。图18-5所示为38CrMoAl气体渗氮后缓冷组织,图18-6所示为38CrMoAl调质后氮化组织。在图中,还能看到一些白色脉状分布的氮化物组织,一般随着氮浓度的增加而相应的脉状组织变粗,甚至变成网状分布。

图18-5　38CrMoAl气体渗氮后缓冷组织(100×)

图18-6　38CrMoAl渗氮后调质组织(500×)

（3）钢的氰化（碳氮共渗）

碳氮共渗具有渗碳和渗氮的特点，主要应用于碳素钢和低合金工具钢的表面硬化。氰化后的表面具有渗碳及渗氮二者的优点，克服了单独渗氮的渗层薄和单独渗碳硬度不够高的缺点。碳氮共渗后，淬火后形成含碳及氮的马氏体，具有很好的耐磨性及抗压强度和抗弯强度，渗层脆性也较单独渗氮低。

共渗层的组织与共渗温度有关。常用的共渗温度为 820℃～860℃，共渗层表面的含碳量约为 0.7%～1.0%，氮含量约为 0.15℃～0.5%。渗后淬火，共渗层的金相组织为含碳和氮的马氏体＋含碳和氮的残余奥氏体，残余奥氏体从表面到中心逐渐减少，在渗层中还存在着细粒状碳、氮化合物。

在 700℃～800℃进行气体共渗时，表层氮的浓度很高，其共渗层明显地分成内层和外层。外层金相组织为白亮层，是由 γ′ 相和 ε 相及碳、氮化合物所组成。内层淬火后组织为淬火马氏体＋残余奥氏体。图 18-7 为 45 钢碳氮共渗后调质组织，图 18-8 为 38CrMoAl 碳氮共渗后淬火回火组织。

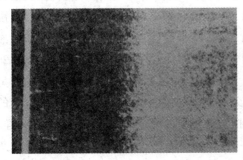 

图 18-7　45 钢碳氮共渗后调质组织　　　　图 18-8　38CrMoAl 碳氮共渗后淬火回火组织
　　　　　　（200×）　　　　　　　　　　　　　　　（100×）

（4）钢的渗硼

工件渗硼后不仅可以提高表面耐磨性，同时还具有良好的抗腐蚀性能。渗硼后的工件表面硬度可以高达 HV1300～HV1500。从 Fe-B 相图（如图 18-9 所示）可见，渗硼时 B 与 Fe 形成 FeB 及 Fe_2B 化合物，Fe_2B 的硬度为 HV1300～HV1500，FeB 的硬度为 HV1800～HV2300。FeB 相硬而脆，使用中易于剥落，故一般的渗硼件应控制其渗硼量，使之只形成 Fe_2B 而不形成 FeB 化合物。只有当零件主要是要求耐磨性、而使用中又不经受振动时，才倾向获得 FeB＋Fe_2B 两种硼化物的组织。在渗硼过程中，由于形成的 FeB 及 Fe_2B 两种硼化物组织中均不含碳，因此在碳钢渗硼过程中，将把表层的碳从硼化铁层中驱逐到内部，在硼化层里面形成一增碳层，这一增碳层常称之为扩散层（也称为过渡层），扩散层的厚度往往比硼化层大得多。

渗层组织从外到里依次为：

$$FeB \rightarrow Fe_2B \rightarrow 增碳层 \rightarrow 基体组织$$

（过渡层）

硼化物 FeB 与 Fe_2B 均呈指状（舌状或针状）垂直于渗硼件表面，呈平行状分布。当

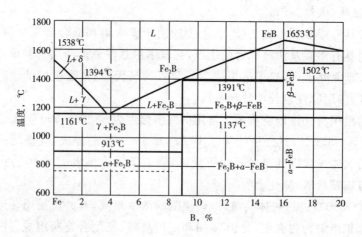

图 18-9 Fe-B 相图

用 4%硝酸酒精浸蚀时,FeB 和 Fe_2B 均呈白亮色,两者不易分辨。当用三钾试剂(铁氰化钾 $K_3Fe(CN)_6$ 10 克,亚铁氰化钾 $K_4Fe(CN)_6$ 1 克,氢氧化钾 KOH 30 克,水 100 毫升)浸蚀时,则外层 FeB 成深棕色,内层 Fe_2B 呈浅黄色,基体不受浸蚀。当用三钾试剂和硝酸酒精两种浸蚀剂先后浸蚀时,均可见清晰的硼化物层及内层组织。图 18-10 所示为 20钢渗硼后缓冷组织,其表层白色组织为 FeB 与 Fe_2B 化合物层,内部为增碳层,硼化物呈锯齿状或手指状向里面生长,与基体形成相互交错分布的组织特征。随着钢中碳含量的增加,细长指状硼化物的指类,特别是 Fe_2B 的指类变得愈为平整,有如并拢的手指一样。图 18-11 所示 45 钢三钾试剂浸蚀后,表面黑灰色呈柱状晶形态分布的为 FeB,次层浅灰色呈锯齿形分布为 Fe_2B,基体未受浸蚀呈白色。

图 18-10 20 钢 940 渗硼缓冷(100×)

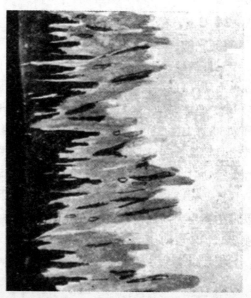

图 18-11 45 钢 940 渗硼 5 小时油冷(100×)

2. 渗层深度测定方法

(1)渗碳层深度测定方法

渗碳层深度的测量目前还没有统一的标准方法,生产中常用的检验方法有宏观断口法、显微组织法、热染法、等温淬火法等。

① 宏观断口法

在渗碳件装炉的同时放入检验用试棒,渗碳后将试棒由渗碳温度下取出立即淬火,将试棒打断观察断口,断口的渗碳层部分呈银白色瓷状,未经渗碳的心部则为灰色纤维状,其交接处的碳含量约为 0.4%。此种方法很简便,但误差很大,只能粗略地估计渗碳层的深度。如将断口磨平,用 4% 硝酸酒精较长时间(约几十秒钟)浸蚀,则渗层呈黑色,心部呈暗黑色,测量黑色层厚度即为渗碳层深度。这种方法适用于渗碳后淬火状态,也适用于渗碳后正火及退火状态。宏观断口法简便但不准确。

② 显微组织法

测量的试样应为渗碳后缓冷的金相试样,用 4% 硝酸酒精浸蚀后,在显微镜下观察渗层组织。碳素渗碳钢与合金渗碳钢渗层深度计算方法不同,碳素钢渗碳件是从表面向里层测到过渡层(由表层共析成分处到心部组织处称为过渡层)的 $1/2$ 处,此处含碳量大约为 0.5%,这段距离为渗碳层深度。对于合金渗碳钢,则由表面测到原始组织处作为渗层深度。这种方法测出的渗层深度准确,用显微组织法测得的渗碳层深度往往要大于用宏观断口法测的渗层深度。

③ 热染法

将已渗碳的试棒放入 $260℃$ 空气炉中加热 $15\mathrm{min}$,取出后渗碳层染成黄色,而心部的颜色不变。若加热到 $400℃\sim600℃$,则渗碳层被染成蓝紫色。热染法适用于低碳合金渗碳钢。

(2)氮化层深度测量方法

氮化层深度的测量目前尚无统一标准,常用的方法有:

① 宏观断口法

氮化时随炉装入带有凹形缺口的试棒,氮化后在凹形缺口处将试棒打断,用 25 倍带刻度的放大镜测量断口。由于氮化层的组织较细,其断口处呈瓷状,而心部组织则较粗,故心部与渗氮层断口形貌容易区分开来。测量出断口表面瓷状层的深度,即为氮化层的深度。这种方法简便,但误差较大,特别是当断口不垂直于试棒长度时,误差就更大些。

② 显微组织法

将氮化后的试样制成金相试样(试样应装入夹具内磨制,以防止发生氮化层的剥落及倒边现象),用 4% 硝酸酒精或用 4% 苦味酸酒精浸蚀,在显微镜下可以准确地测出氮化层深度。测量渗氮层深度的标准尚未统一,目前多数工厂采用以下两种标准:一是从渗层表面到与基体组织明显交界处的距离作为渗层深度;另一种是从渗层表面测到明显出现铁素体的距离作为渗层深度。

③ 硬度法

a. 显微硬度法

显微硬度法是经常使用的测量方法,尤其是对于一些不能明显地显示出氮化层的钢种，如 35CrMo 钢常常采用此法。试样先经磨制、抛光及浸蚀（也可不经浸蚀）后，用显微硬度计测量硬度，自表面每隔一定距离测一点（在表面附近两个压痕间的距离为 0.01mm 左右，再向里可每隔 0.05mm 测一点），所测出的硬度值由表面至中心逐渐降低，直到所测硬度与基体硬度相同时为止，由表面到这点距离作为渗层深度。

b. 维氏硬度法

氮化后的试样先磨制，然后在维氏硬度计上测量表层到中心的硬度，最表层的 ε 相及 ε+γ′ 组织硬度均较高，随着离表面距离的增大，维氏硬度值将降低，一直测量到维氏硬度值等于 HV500 为止。由表面到 HV500 这段距离即为渗氮层的深度。

（3）氰化层深度测量方法

氰化层的测量，一般是在放大 100 倍（或相近倍数）的金相显微镜下进行，由表面测到心部原始组织处的距离作为氰化层的深度。

（4）渗硼层深度测量方法

渗硼层的深度，是测量渗硼件由表面到硼化物的指尖处。硼化物呈不整齐的指状时，由于硼化物楔入深度长短不同，故应进行多次测量，然后取其平均值即为渗层深度。图 18-12 所示为测量硼化物深度的示意图。每次测量分别取为 h_1、h_2、h_3、$\cdots$、h_n，其平均值 h 为：

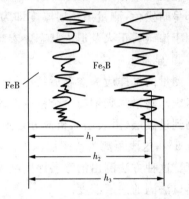

图 18-12　渗硼层测量示意图

$$h=\frac{h_1+h_2+h_3+\cdots+h_n}{n}$$

【实验材料及设备】

（1）表 18-1 所列的金相试样。

表 18-1　表面热处理试样及显微组织

编号	材料	热处理状态	显微组织		浸蚀剂
			渗层	心部	
1	18CrMnTi	930±10℃ 渗碳退火	珠光体+渗碳体→珠光体→珠光体+铁素体	铁素体+珠光体	4%硝酸酒精
2	20	930±10℃ 渗碳淬火回火	回火马氏体（区别表层和中心组织）	回火马氏体	4%硝酸酒精
3	12CrNi4A	850℃碳氮共渗 淬火回火	含碳氮马氏体+含碳氮残余奥氏体+少量碳氮化合物	回火马氏体	4%硝酸酒精
4	12CrMo4A	910℃±10℃ 渗碳淬火回火	回火马氏体+碳化物	回火马氏体	4%硝酸酒精

（续表）

编号	材料	热处理状态	显微组织		浸蚀剂
			渗层	心部	
5	38CrMoAlA	940℃渗氮油淬 640℃回火	白亮层＋过渡层	回火马氏体	4％硝酸酒精
6	Cr12MoV	900℃ 5 小时渗硼 淬火回火	化合物层＋过渡层	回火马氏体	4％硝酸酒精
7	T10	900℃ 5 小时渗硼 缓冷	化合物层＋过渡层	珠光体＋ 渗碳体	4％硝酸酒精
8	40Cr	900℃ 5 小时渗硼 缓冷	化合物层＋过渡层	铁素体＋ 珠光体	4％硝酸酒精
9	20	900℃ 5 小时渗硼 缓冷	化合物层＋过渡层	铁素体＋ 珠光体	4％硝酸酒精

（2）材料：金相砂纸、研磨膏、抛光呢、4％硝酸酒精、酒精、脱脂棉等。

（3）主要设备：金相显微镜、抛光机、电吹风、目镜测微尺、物镜测微尺等。

【实验内容与步骤】

（1）观察经不同化学热处理后的试样组织，注意观察渗层至心部组织变化。

（2）观察渗层组织特征。

（3）用目镜测微尺测量出各渗层的深度。

【实验报告】

（1）绘出各渗层组织示意图，说明其特征。

（2）测量渗碳层及渗硼层深度，测量前首先要校核显微镜的实际放大倍数。

（3）说明渗氮试样由表面到心部组织变化的原因。

实验十九 高速钢热处理后显微组织分析及性能测定

【实验目的】

(1)了解热处理工艺对高速钢的显微组织和性能(硬度和红硬性)的影响。

(2)观察分析高速钢在铸态和各种热处理条件下的显微组织特征。

【实验原理】

高速钢是制造各种刀具的主要材料,经热处理后具有高的硬度、红硬性和耐磨性,并具有一定的韧性及磨削性。高速钢的主要特点是在高速切削时,其温度达 $600℃$ 时硬度仍能保持在 HRC55 以上。国内最常用的高速钢是 W18Cr4V(18-4-1 钢)和 W6Mo5Cr4V2(6-5-4-2 钢)。下面我们以 18-4-1 钢为例,分析高速钢的显微组织。

18-4-1 钢含碳量为 $0.7\%\sim0.8\%$,因含有大量的合金元素,使奥氏体的最大溶碳量大大减少,已属莱氏体钢。

1. 高速钢的铸态组织

高速钢的铸态组织比较复杂。实际铸态组织大致由三部分组织组成:①在晶界上分布着鱼骨状共晶莱氏体,约在 $900℃$ 以上的共晶莱氏体相组成物是 $\gamma+M_6C$,M_6C 以鱼骨状夹在共晶 γ 相中。在较低温度下,共晶莱氏体中的 γ 相转变为马氏体和部分残余奥氏体。鱼骨状共晶莱氏体显微硬度 HV940～HV1000。②晶粒外层为奥氏体分解产物马氏体和残余奥氏体。由于马氏体和残余奥氏体不易受蚀而呈白亮色,常称为"白色组织",显微硬度 HV700～HV750。③晶粒中心为 δ 共析体。这是由于在冷却过程中,因包晶转变不完全而保留下来的 δ 相析出细小的碳化物,形成片状珠光体型的索氏体-屈氏体混合组织。δ 共析体易受浸蚀而呈黑色,常称为"黑色组织",显微硬度 HV320～HV350,如组织示意图(1)所示。

铸态组织退火后,黑色组织仍存在,共晶莱氏体未能消除,其周围有少量未转变的白色组织,如组织示意图(2)所示。

2. 高速钢的退火工艺及组织

高速钢铸造组织极不均匀,尤其是具有鱼骨状的共晶碳化物,必须经过反复锻造、多次锻拔的方法将碳化物击碎使其均匀分布,然后进行去应力退火。高速钢退火目的在于降低硬度,便于切削加工,为淬火准备良好的组织,消除锻轧后的内应力。高速钢退火工艺有两种:普通退火和等温退火。退火温度为 $A_{c1}+(30℃\sim50℃)$。

锻造及退火后的显微组织为索氏体+碳化物,其中呈亮白色较大块状的为共晶碳化物,较小的白亮颗粒为二次碳化物,基体是索氏体,如组织示意图(3)所示。

3. 高速钢的淬火回火工艺及组织

高速钢只有进行正确的淬火回火热处理后,才能获得所要求的硬度、强度、红硬性及耐磨性等。高速钢的热处理工艺与相应组织变化如图 19-1 所示。

由图可知,淬火未溶碳化物比退火组织中的碳化物要少得多。淬火未溶碳化物只有 M_6C、MC 两种,$M_{23}C_6$ 在淬火加热时已全部溶入奥氏体。

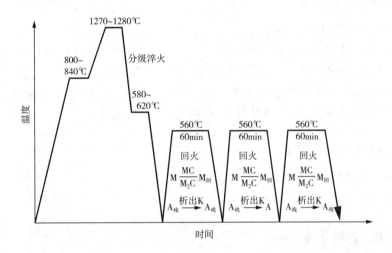

图 19-1　W18Cr4V 的典型热处理工艺规程及热处理中组织变化

W18Cr4V 通常采用的淬火温度为 1280℃,淬火时可在油或空气中冷却。淬火后的组织为马氏体＋残余奥氏体＋未溶碳化物。其中马氏体呈隐针状,不易浸蚀,因此难以将马氏体与奥氏体区别开来。未溶碳化物呈白亮色分布在基体上,能看到清晰的晶界,是由于在淬火冷却过程中碳化物(VC)沿晶界弥散析出的缘故,如组织示意图(5)所示。

由于淬火组织中存在较多的残余奥氏体,淬火后一般都在 560℃进行三次回火。经淬火和三次回火的组织为回火马氏体＋少量残余奥氏体＋未溶碳化物。回火马氏体易受浸蚀,故基体呈暗黑色,而未溶碳化物呈白亮色,如组织示意图(8)和组织示意图(9)所示。回火不足时,马氏体、残余奥氏体转变不充分,经 4%硝酸酒精浸蚀后显微组织呈灰白色,如组织示意图(10)所示。

4. 高速钢的几种淬火组织缺陷分析

(1)欠热

加热温度偏低(18-4-1 钢低于 1180℃),加热温度偏低,碳化物溶解较差,奥氏体基体上保留着大量未溶碳化物,由于奥氏体合金度低,淬火回火后得不到二次硬化现象,导致硬度偏低。淬火后组织为马氏体＋残余奥氏体＋大量未溶碳化物,奥氏体也不够清晰,如组织示意图(4)所示。W18Cr4V 钢欠热组织特征是未溶碳化物大量存在。

(2)过热

过热是加热温度过高(18-4-1 钢高于 1300℃时)而引起组织粗大,碳化物数量减少,并向晶界聚集,以块状、角状沿晶界网状分布,如组织示意图(6)所示。过热使钢的性能尤其是冲击韧性显著降低。断口呈现为瓷状。

（3）过烧

当加热温度达到共晶温度（18-4-1 钢高于 1320℃）以上时，奥氏体晶粒急剧长大，晶界局部熔化，因此淬火后在晶界上出现共晶莱氏体组织，如组织示意图(7)所示。过烧钢件无法挽救。

【实验材料及设备】

（1）表 19-1 所列的金相试样。

（2）按表 19-2 所处理的金相试样：①分别在 1100℃、1200℃、1250℃、1280℃、1310℃淬火，560℃回火三次；②同①处理后在 600℃加热 4 小时空冷。

（3）材料：金相砂纸、研磨膏、抛光呢、30％硝酸酒精、4％硝酸酒精、酒精、脱脂棉等。

（4）主要设备：金相显微镜、洛氏硬度计、抛光机、电吹风等。

【实验内容与步骤】

（1）逐块观察所给的金相试样，分析组织特征。

（2）测量洛氏硬度。

【实验报告要求】

（1）按表 19-2 整理出洛氏硬度值，绘出回火温度—硬度曲线，并分析之。

（2）绘出各组织示意图，标明浸蚀剂、放大倍数、指标组织，说明显微组织特征。

（3）分析淬火温度对硬度和红硬性的影响。

表 19-1　18-4-1 高速钢热处理工艺及显微组织

编 号	热处理状态	显 微 组 织	浸 蚀 剂	放大倍数
1	铸态	共晶莱氏体＋白色组织＋黑色组织	30％硝酸酒精	500
2	铸态退火	共晶莱氏体＋索氏体＋黑色组织＋少量白色组织	30％硝酸酒精	200
3	热轧退火	共晶碳化物＋索氏体	30％硝酸酒精	100
4	1100℃淬火	淬火马氏体＋残余奥氏体＋碳化物	30％硝酸酒精	500
5	1280℃淬火	淬火马氏体＋残余奥氏体＋碳化物	30％硝酸酒精	500
6	1320℃淬火	淬火马氏体＋残余奥氏体＋碳化物	30％硝酸酒精	500
7	1330℃淬火	马氏体＋残余奥氏体＋莱氏体＋黑色组织	30％硝酸酒精	500
8	1280℃淬火后560℃回火 3 次	回火马氏体＋碳化物＋少量残余奥氏体	4％硝酸酒精	500
9	1280℃淬火后600℃回火 3 次	回火马氏体＋碳化物＋少量残余奥氏体	4％硝酸酒精	500
10	1280℃淬火后500℃回火 1 次	回火马氏体＋碳化物＋大量残余奥氏体（回火不足）	4％硝酸酒精	500

表 19 - 2　18 - 4 - 1 高速钢热处理工艺及性能

热处理工艺	硬度（HRC）	热处理工艺	硬度（HRC）
1100℃淬火＋560℃回火 3 次		1100℃淬火＋560℃回火 3 次＋600℃加热	
1200℃淬火＋560℃回火 3 次		1200℃淬火＋560℃回火 3 次＋600℃加热	
1250℃淬火＋560℃回火 3 次		1250℃淬火＋560℃回火 3 次＋600℃加热	
1280℃淬火＋560℃回火 3 次		1280℃淬火＋560℃回火 3 次＋600℃加热	
1310℃淬火＋560℃回火 3 次		1310℃淬火＋560℃回火 3 次＋600℃加热	

组织示意图（1）

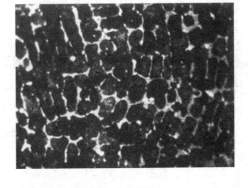
组织示意图（2）

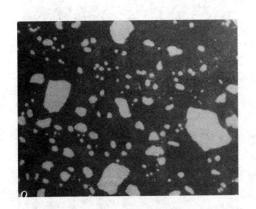
组织示意图（3）

组织示意图（4）

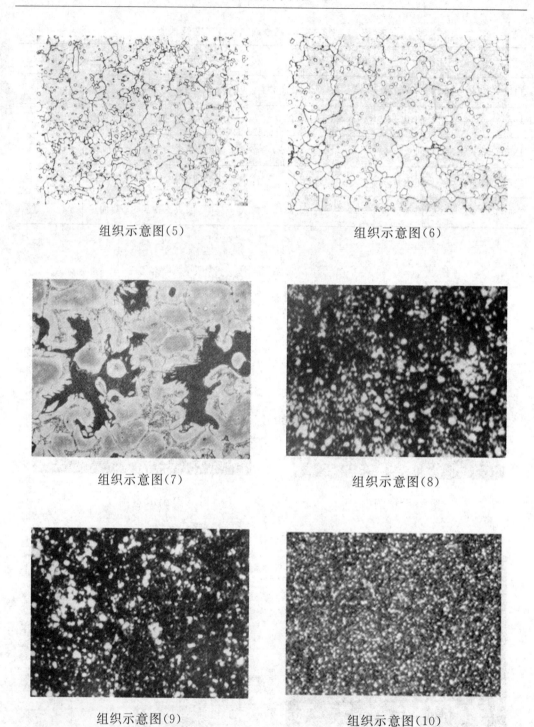

组织示意图(5)　　　　　　　　　组织示意图(6)

组织示意图(7)　　　　　　　　　组织示意图(8)

组织示意图(9)　　　　　　　　　组织示意图(10)

实验二十　物理热模拟试验测钢的连续冷却转变(CCT)曲线

【实验目的】

(1)了解钢的连续冷却转变曲线的概念及其应用。

(2)了解钢的连续冷却转变曲线的测量方法。

(3)利用热模拟试验机观察钢在加热及冷却中的相变并测量临界点。

(4)建立钢的连续冷却转变图(CCT 曲线)。

【实验原理】

钢的连续冷却转变指的是在一定的冷却条件下,过冷奥氏体在一个温度范围内所发生的转变。过冷到临界点 A_1 以下,过冷奥氏体将转变成珠光体、贝氏体、马氏体。材料发生相变时,当高温组织及其转变产物具有不同的比容和膨胀系数,则由于相变引起的体积效应叠加在膨胀曲线上,破坏了膨胀量与温度间的线性关系,从而可根据热膨胀曲线上所显示的变化点来确定相变温度,这种方法称为热膨胀法(膨胀分析)。通过热膨胀法可测定相变温度和相变动力学曲线。钢中膨胀系数由大到小的顺序为:奥氏体>铁素体>珠光体>上、下贝氏体>马氏体;比容则相反,其顺序是:马氏体>铁素体>珠光体>奥氏体>碳化物。从钢的热膨胀特性可知,当钢加热或冷却过程中发生一级相变时,钢的体积将发生突变。过冷奥氏体转变为铁素体、珠光体或马氏体时,钢的体积将膨胀,冷却速度不同,相变温度不同。图 20-1 所示为 3Cr2Mo 钢冷却时的膨胀曲线。钢连续冷却转变曲线图,简称 CCT 曲线,系统地表示了冷却速度对钢的相变开始点、相变进行速度和组织的影响情况。

钢的连续冷却转变曲线测定方法有金相法、膨胀法、磁性法、热分析法、末端淬火法等。用热模拟机可以测出不同冷速下试样的膨胀曲线。发生组织转变时,冷却曲线会偏离线性收缩,曲线出现拐折,拐折的起点和终点所对应转变的温度分别是相变开始点及终止点。将各个冷速下的开始温度、结束温度和相转变量等数据综合绘在"温度—时间对数"的坐标中,即得到钢的连续冷却曲线图。热模拟试验测定材料高温性能的原理如下:用主机中的变压器对被测定试样通电流,通过试样本身的电阻热加热试样,使其按设定的加热速度加热到测试温度。保温一定时间后,以一定的冷却速度冷却。在加热、保温和冷却过程中用径向膨胀仪测量均温区的径向位移量(即膨胀量),绘制膨胀量—温度曲线如图 20-1 所示,测试不同冷却速度下试样的膨胀量—温度曲线。根据膨胀量—温度曲线,确定不同冷却速度下的相转变开始点和结束点,即可绘制 CCT 曲线。

不同温度下过冷奥氏体的稳定性不同。当过冷度较小时,由于过冷奥氏体和珠光体

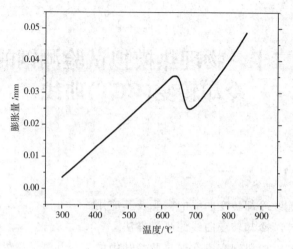

图 20-1　3Cr2Mo 钢冷却时的膨胀曲线

之间的自由能差较小,过冷奥氏体比较稳定,故孕育期长,转变所需的总时间长。随温度下降,过冷度增大,新旧相的自由能差不断加大,过冷奥氏体的稳定性也越来越低。对于共析碳钢,大约 550℃时过冷奥氏体稳定性最低(鼻点处),孕育期最短,转变速度最快。继续降低温度,这时对转变起主导作用的已不是新旧相的自由能差,而是原子的扩散能力。由于温度低,扩散过程变得越来越困难,所以过冷奥氏体的孕育期及转变时间逐渐增长。在 C 曲线鼻部以上为过冷奥氏体的高温转变区;在鼻部以下至 Ms 点之间为中温转变区,生成贝氏体;在 Ms 以下则形成马氏体,为低温转变区。图 20-2 所示是共析钢连续冷却转变曲线。

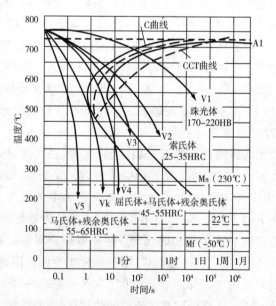

图 20-2　共析钢连续冷却转变曲线

　　亚共析钢与共析钢 C 曲线特点基本相同,所差之处在于亚共析钢的 C 曲线上有一条表示先共析铁素体析出的曲线。同样,在过共析钢的 C 曲线上则多出一条表示先共析渗碳体析出的曲线。

从膨胀曲线上确定临界点的方法通常有两种:顶点法和切线法,如图20-3所示。顶点法是取膨胀曲线上拐折最明显的顶点作为临界点,这种方法确定的转变开始温度比真实高,而转变结束温度比真实低。根据这种方法确定的临界点对制订实际的热处理工艺不会造成太大影响,但对CCT曲线的位置会带来一定影响。切线法是取膨胀曲线直线部分的延长线与曲线部分的分离点作为临界点,这种方法的优点在于它接近真实的转变开始和结束温度,缺点在于误差较大。

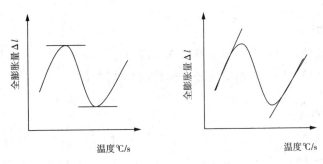

图20-3　顶点法与切线法确定临界点

本试验通过Gleeble的热膨胀模块,在不同冷却速度的条件下,测试20MnSi钢ϕ6mm圆棒的热膨胀曲线。试验过程中必须通过循环水冷机对试样进行冷却,达到快速冷却的目的。测量一组膨胀曲线后,用顶点法求出热膨胀曲线的相变起始温度和终止温度,最后绘制出CCT曲线。

【实验材料及设备】

(1)20MnSi钢ϕ6mm圆棒试样和铜卡具。

(2)Gleeble-3500热模拟试验机。

(3)真空泵和循环水冷机。

(4)热电偶和点焊机。

(5)CCT作图软件。

【实验内容与步骤】

(1)根据实验的膨胀曲线,确定不同冷却速度下的相变开始温度、结束温度,编制好程序并输入计算机。

(2)利用点焊机将K型热电偶焊接到试样中间,然后将试样安装到热模拟机工作箱中。

(3)将热膨胀仪夹持在圆棒上,关闭操作箱门,将操作室抽真空。

(4)开动试验机,执行程序进行测量试验。

【实验报告要求】

用计算机CCT作图软件自动绘制钢的连续冷却曲线图(CCT曲线)并打印出来。

实验二十一　金相图像分析仪的工作原理及应用

【实验目的】

(1)了解图像分析仪各系统组成及工作原理。

(2)掌握根据国家标准编制的图像分析软件及使用方法。

【实验说明】

金相图像分析系统(Micro—image Analysis & Process,简称 MIAPS)是现代理化检验的计算机化,是材料科学和计算机技术的完美结合。金相图像分析系统适合教学科研以及工业生产领域质量控制的需要,适用于材料科学基础应用的各个方面。下面根据德国蔡司 Axiovert 40 MAT 显微镜配备的 MIAPS 软件对金相图像分析系统进行简要的介绍。

1. 金相图像分析系统组成及工作原理

金相图像分析系统的组成如图 21−1 所示。由专用数码相机将金相试样或图片形成的光学信号,通过计算机内置的图像采集卡,将电子信号转化为数字信号,以便于计算机存储、处理和分析图像,从而在电脑显示器上显示出来。

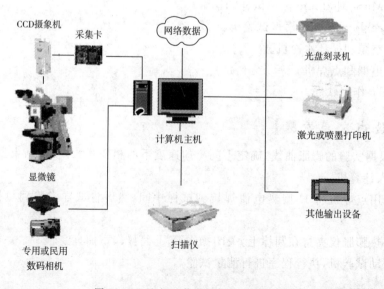

图 21−1　金相图像分析系统工作原理

2. 金相图像分析系统软件的特点

金相图像分析系统的软件是依据数字图像处理(即用计算机对图像进行处理)技术,结合光学、电子学、数学、摄影技术、计算机技术等学科知识,采用面向对象的程序设计方法,实现了对金相图像的专业分析处理,满足材料专业工作者对图像处理的需要。MIAPS 具有如下特点:

① 设计流程简单,操作方便,无须具备数字图像和计算机方面专门知识的金相工作者即可操作。

② 具有高分辨率彩色、灰度图像采集能力。可以实时动态采集图像;可以多帧平均、去除抖动噪声,提高采集质量;系统支持多种图像采集卡、数码相机及其他输入设备。

③ 可以任意放大、缩小显示图像;多幅图像可进行层叠、平铺显示以及彩色图像灰度化和灰度图像伪彩色显示。

④ 除提供标准的灰度阈值分割外,还提供强大的彩色图像分割能力,用户可对灰度、彩色图像进行自动、半自动分割识别;可对分割后的二值图像进行特殊处理,便于测量统计。

⑤ 系统能够准确识别由孤点、线段、物体等元素组成的复合特征物,提供丰富的特征物统计参数;可对直线、曲线、任意线的长度、角度、面积等几何参数进行人工测量;拥有位图分析、光密度分析等图像数值分析功能,以满足特殊的研究需要。

3. 金相图像分析系统的专用功能

金相图像分析系统中提供大量符合生产检验和科研需要的专用测量功能,所有模块均采用最新国家标准或国际通用标准执行,数据输出快捷方便,同时配备有相应的检测报告模板。MIAPS 系统提供的专用测量及评级软件包括:

(1)脱碳层深度的测定

脱碳层深度测定的仲裁法为硬度法,但金相法作为一种简易方法在日常检验中亦有广泛的应用。本软件根据国家标准 GB9441—88 编制而成的,在试样的一定宽度范围内,按用户设定的视场,依据试样面灰度的分布情况(碳含量分布情况),系统自动计算出脱碳位置,并由此计算出脱碳层深度。

(2)渗碳层深度的测定

渗碳层深度的定量测试和脱碳层深度测定方法一致,通过在试样的一定宽度范围内,依据试样面灰度的分布情况(碳含量分布情况),系统自动计算出渗碳位置,并由此计算出渗碳层深度。

(3)显微硬度测量

显微硬度测量主要是采集显微硬度计压痕图像,软件测量压痕的对角线长度,根据对角线的长度,对照维氏硬度的查找表给出测量数值。

(4)铁素体奥氏体型双相不锈钢 α—相金相测定

铁素体奥氏体型双相不锈钢中 α—相金相测定是根据国家标准 GB6401—86 编制而成的。其主要功能是精确测量多个视场中 α—相的面积百分含量。

(5)奥氏体型双相不锈钢 α—相金相测定

奥氏体型不锈钢 α—相金相测定是根据国家标准 GB 13305—91 编制而成的。其主要功能是精确测量多个视场中 α—相的面积百分含量,并给出级别。

(6)第二相面积含量测量

金属材料中,第二相颗粒对材料的性能影响很大,对第二相的检测也是材料检测的一个重要方面。该模块主要功能是精确测量多个视场中第二相面积百分含量。例如测量铁素体—珠光体钢中珠光体含量,高碳钢中索氏体、铁素体含量,高碳钢中残余奥氏体含量。

(7)金属平均晶粒度评级

金属平均晶粒度评级的测定依据国家标准 GB6394—2002,采用截线法评定单相组织的平均晶粒度。

(8)混有珠光体的铁素体晶粒度评级

混有珠光体的铁素体晶粒度评级软件是依据国家标准 GB6394—86,采用截线法,可作为高精度评定混有珠光体的铁素体晶粒度的方法。

(9)非金属夹杂评级

钢中非金属夹杂物评级软件是根据国家标准 GB10561—2002 编制而成的。其主要功能是精确测量夹杂物的面积含量;同时测量夹杂物的长度和厚度(或直径),依据夹杂物的厚度(或直径)判断出夹杂物的粗系和细系;识别夹杂物种类,根据长度进行定量分析,给出其级别。

(10)球墨铸铁球化率测量评级

石墨球化率评级软件是根据国家标准 GB 9441—88 编制而成的。其主要功能是精确测量多个视场中石墨的面积、面积率及长度,并且给出总体的石墨球化率级别。

(11)灰铸铁金相分析

灰铸铁金相评级软件是根据国家标准 GB/T9439—1988 编制而成的。其主要功能是依据国标对灰铸铁的各种组织提供定量和定性分析提供检测方法。其检验项目包括石墨长度、珠光体片间距、石墨含量、珠光体含量、碳化物含量、磷共晶含量的定量检测和对各组织形状的定性分析。

(12)高速钢大块碳化物评级

高速工具钢大块碳化物评级软件是根据国标 GB4462—84 编制而成的。其主要功能是精确测量碳化物的个数,对最大碳化物的尺寸进行定量分析,给出其级别。主要适用于评定钨系高速工具钢热轧、锻制或冷拉条钢的大块碳化物及钼系高速工具钢丝的大颗粒碳化物。

【实验材料及设备】

(1)金相试样。

(2)金相图像分析系统。

【实验内容与步骤】

(1)标定标尺。执行测量操作是根据像素的位置情况进行测量的。例如,长度的测量值由测量线上像素的数量决定,区域面积测量值由此区域内包含的像素的数量决定。

本系统所测量的是显微镜下的微观参数(单位是微米、毫米等长度单位,本系统默认微米为长度单位),而测量图像时表现的是对宏观的测量(单位是像素)。

为了得到物体的具体长度,就需要一个标准,即采用显微镜下一个标准长度单位,来对应图像仪上一定的像素数,以求出每个像素对应的长度单位。假如规定长度为 10 微米的物体,在 100 倍放大倍数下的图像,经计算机处理后,包含 n 个像素,而未知长度的划痕被显微镜放大 200 倍,经计算机处理后,划痕线包含 N 个像素,那么显而易见,划痕和 10 微米的物体存在一种比例关系,这个比例关系就是标尺,存储在计算机内部。已知长度为 10 微米的物体以及它的像素数 n 和划痕线的像素数 N,计算机按照标尺,可自动计算出划痕的长度。这样,物理长度和视长度这两个概念就不难理解了。

注意:在进行使用 MIAPS 软件分析仪测试时,需要进行标定标尺和选定标尺,如果没有这两步操作,测量结果显示的只是像素值,而不是物体实际长度。因此,并不能进行相应的软件功能的使用。

(2)测量所给试样。

(3)根据实验需要拍照保存。

【实验报告要求】

(1)整理所测数据并分析。

(2)掌握和理解物理长度和视长度的概念。

实验二十二　金属材料及热处理综合实验

【实验目的】

(1)了解从事金属材料及热处理研究的基本方法和基本程序。

(2)初步培养学生综合运用理论知识进行分析问题、解决问题的能力,全面提高专业基本实验技能。

(3)培养学生独立完成实验的能力以及勇于实践、敢于探索的科学精神。

【实验说明】

本实验不同于常规实验,属设计性、综合性实验,实验采取开放形式,要充分调动和发挥学生的主动性与积极性。学生在教师的精心指导下,独立拟定实验项目、设计实验内容、制订实验方案、完成实验操作、整理分析实验数据、得出实验结果,最后撰写出准论文形式的实验报告。实验可一人一组,也可以几人(最多5人)一组。为了创造良好的实验氛围,保证学生有充裕的时间和条件,所有实验室应全天开放。实验从确定实验方案到完成实验报告将历时8周。

【实验内容与步骤】

根据所学的知识查阅有关资料、文献,发现问题、提出问题,拟定出实验项目和实验内容。实验内容可以是验证性质的,更提倡研究探索、有所创新。但是拟定的实验项目、实验内容依据要可行、科学、合理,目的一定要明确。本实验重视实验整个过程,不重视实验结果(如果结果违背常识,要在实验报告中分析原因)。

根据情况,实验项目和实验内容也可以由教师提供帮助。

1.实验方案

(1)选择材料,制订热处理工艺,包括确定加热温度、保温时间、冷却方式及工艺流程,选择设备、操作方式等;

(2)显微组织分析,包括制备样品、配制浸蚀剂、选择浸蚀方法、组织观察、组织分析、金相摄影等;

(3)性能测定,包括测定硬度、拉伸、冲击、物理性能等。

2.实验步骤

实验分四个阶段:

(1)拟定实验项目和实验内容、制定实验方案;

(2)和指导老师共同讨论实验内容、方案的合理性和可行性,修改实验方案;

(3)实验操作,完成设计好的实验方案;

(4)整理、分析实验结果,撰写实验报告。

3. 实验报告

实验报告建议采用以下格式:

(1)题目;

(2)实验目的;

(3)文献综述;

(4)实验材料及实验方法;

(5)实验结果及实验结果分析;

(6)结论;

(7)参考文献;

(8)实验心得体会。

鼓励按科研论文的格式撰写实验报告。

【实验报告要求】

(1)正确记录整理分析实验数据,绘制各种图表,有些项目要求有误差分析。

(2)按科研论文方式写出全部实验报告内容,文字篇幅最少有 30 页(A4 纸)。

(3)设计独特封面,装订成册。

【实验注意事项】

(1)端正态度,充分发挥主动性,在教师的指导下积极完成实验。

(2)熟悉所用仪器仪表、设备的构造和工作原理、正确使用方法,发现问题及时向老师汇报,务必注意人身安全和设备安全。

(3)遵守实验室各项规章制度,爱护设备及其他一切公物。

综合性实验形式新颖、内容广泛,为同学们提供了一次培养能力、提高综合实验素质的机会。希望同学们一定要认真对待,积极动脑动手,大胆实践,开拓创新,以期收到良好的实验效果。

附录 7　综合实验项目(参考)

结合学校实验室设备、材料等各方面条件,拟订以下实验项目,供参考。

Ⅰ　铅—锡二元合金的配置及铸态组织分析

【实验目的】

(1)观察二元合金典型组织及其与相图的关系。

(2)了解冷却速度对凝固组织的影响。

【实验材料及设备】

(1)材料:纯铅、纯锡等。

(2)主要设备:加热炉、金相显微镜、数码金相显微镜、计算机、坩埚、钳台等。

【实验内容与步骤】

(1)参考铅—锡二元合金相图,配置共晶、亚共晶和过共晶三种典型成分的合金。

(2)将配置好的合金随炉充分熔化,并且进行适当的搅拌,减轻成分偏析,然后按两种方式进行冷却。

① 随炉冷却,得到接近平衡组织的铸锭。

② 空冷,得到非平衡组织的铸锭。

③ 制备金相试样,观察分析组织,并拍摄显微组织照片。

【实验报告要求】

(1)实验报告要求格式规范,条理清晰,数据、图表处理科学合理,照片规格适当,注释全面、简明、准确。

(2)综合分析实验结果,讨论总结其规律。

Ⅱ　奥氏体晶粒长大规律研究

【实验目的】

(1)了解奥氏体晶粒长大的规律。

(2)研究加热温度、保温时间对奥氏体晶粒长大的影响。

【实验材料及设备】

(1)材料:40Cr、45 钢等。

(2)试样尺寸:$\phi 10 \times 15 \text{mm}$。

(3)主要设备:加热炉、砂轮机、抛光机、金相显微镜、带 CCD 摄像头显微镜、计算机、目镜测微尺、物镜测微尺等。

【实验内容与步骤】

(1)在不同温度加热,保温一定时间后淬火。

(2)在相同温度加热,保温不同时间后淬火。

(3)制备金相试样,经浸蚀后,显示出原奥氏体晶界。

(4)用定量金相法测出各试样的奥氏体晶粒尺寸。

(5)根据需要拍摄数张金相照片。

【实验报告要求】

(1)实验报告要求格式规范,条理清晰,数据、图表处理科学合理,照片规格适当,注释全面、简明、准确。

(2)注意误差分析,按相关标准给出实验结果。

(3)分析讨论奥氏体晶粒长大规律与加热温度、保温时间的关系。

Ⅲ 钢材质量高倍检验

【实验目的】

(1)熟悉 GCr15 钢质量高倍检验的程序、项目以及相关的检验标准。

(2)对 GCr15 钢质量进行高倍检验。

(3)了解各类组织缺陷对 GCr15 钢性能的影响。

【实验材料及设备】

(1)材料:GCr15 钢。

(2)试样尺寸:$\phi 10 \times 15mm$。

(3)试样状态:轧制后球化退火。

(4)主要设备:加热炉、砂轮机、抛光机、金相显微镜、数码金相显微镜、计算机等。

【实验内容与步骤】

(1)分析带状、网状、球状、液析碳化物的试样,要经 840℃加热淬火、150℃回火处理,检验夹杂物的试样不处理。

(2)进行夹杂物检验的金相试样抛光后不浸蚀;其他试样用 4%硝酸酒精溶液浸蚀。

(3)根据国家标准检验氧化物、硫化物、球状不变形夹杂物,并评出相应级别。

(4)根据国家标准检验珠光体形态、碳化物带状、网状、液析组织,并评出相应级别。

(5)对典型组织进行拍摄。

【实验报告要求】

(1)实验报告要求格式规范,条理清晰,数据、图表处理科学合理,照片规格适当,注释全面、简明、准确。

(2)讨论各种夹杂物、组织缺陷对 GCr15 钢显微组织和性能的影响。

Ⅳ 热处理工艺对高碳钢显微组织和性能的影响

【实验目的】

(1)研究不同淬火温度对高碳钢显微组织和性能的影响。

(2)研究不同回火温度对高碳钢显微组织和性能的影响。

(3)综合分析不同热处理工艺对高碳钢显微组织和性能的影响。

【实验材料及设备】

(1)材料:T8、T10、T12、Gr15。

(2)试样尺寸:$\phi 10 \times 15$mm。

(3)试样原始状态:球化退火。

(4)主要设备:加热炉、砂轮机、抛光机、金相显微镜、洛氏硬度计、数码金相显微镜、计算机等。

【实验内容与步骤】

(1)试样经不同热处理工艺处理。

(2)测量洛氏硬度值。

(3)制备金相试样。

(4)观察分析显微组织,碳化物溶解情况,马氏体针叶的粗细(可参考马氏体针叶长度评级图评出级别)及残余奥氏体的含量。

(5)对典型组织进行拍摄。

【实验报告要求】

(1)实验报告要求格式规范,条理清晰,数据、图表处理科学合理,照片规格适当,注释全面、简明、准确。

(2)综合分析淬火、回火温度对高碳钢显微组织和性能的影响。

Ⅴ 热处理工艺对中碳钢显微组织和性能的影响

【实验目的】

(1)研究不同淬火温度对中碳钢显微组织和性能的影响。

(2)研究不同回火温度对中碳钢显微组织和性能的影响。

(3)综合分析不同热处理工艺对中碳钢显微组织和性能的影响。

【实验材料及设备】

(1)材料:45 钢、40Cr。

(2)试样尺寸:$\phi 10 \times 15$mm、夏比冲击试样、拉伸试样。

(3)主要设备:加热炉、冲击试验机、拉伸试验机、洛氏硬度计、金相显微镜、数码金相显微镜、抛光机、计算机等。

【实验内容与步骤】

(1)试样经不同热处理工艺处理。

(2)做冲击试验、拉伸实验(如果需要)。

(3)测量洛氏硬度值。

(4)制备金相试样。

(5)观察分析组织,进行拍照。

【实验报告要求】

(1)实验报告要求格式规范,条理清晰,数据、图表处理科学合理,照片规格适当,注释全面、简明、准确。

(2)综合分析热处理工艺对中碳钢显微组织和性能的影响。

Ⅵ　热处理工艺对高速钢显微组织和性能的影响

【实验目的】

(1)研究热处理工艺对 W18Cr4V 钢中碳化物溶解的影响。

(2)研究热处理工艺对 W18Cr4V 钢奥氏体晶粒长大的影响。

(3)研究热处理工艺对 W18Cr4V 钢洛氏硬度的影响。

(4)综合分析不同热处理工艺对 W18Cr4V 钢显微组织和性能的影响。

【实验材料及设备】

(1)材料:W18Cr4V。

(2)试样规格:$\phi 10 \times 15mm$。

(3)主要设备:加热炉、砂轮机、抛光机、金相显微镜、洛氏硬度计、数码金相显微镜、计算机等。

【实验内容与步骤】

(1)热处理:根据需要进行不同工艺热处理。

(2)制备金相试样:对淬火试样显示未溶碳化物和原始奥氏体晶界。

(3)观察分析组织:碳化物溶解情况(可定量测出未溶碳化物的百分数),用比较法和截距法测出原始奥氏体晶粒大小。

(4)测量洛氏硬度值。

(5)对典型组织进行拍摄。

【实验报告要求】

(1)实验报告要求格式规范,条理清晰,数据、图表处理科学合理,照片规格适当,注释全面、简明、准确。

(2)综合分析热处理工艺对 W18Cr4V 钢显微组织和性能的影响,总结其规律。

Ⅶ　热处理工艺对低碳钢显微组织和性能的影响

【实验目的】

(1)了解不同淬火温度对低碳钢显微组织和性能的影响。

(2)了解不同回火温度对低碳钢显微组织和性能的影响。

(3)综合分析不同热处理工艺对低碳钢显微组织和性能的影响。

【实验材料及设备】

(1)材料：16Mn、20 钢、20CrMnTi。

(2)试样尺寸：$\phi 10 \times 15mm$。

(3)主要设备：加热炉、抛光机、金相显微镜、洛氏硬度计、数码金相显微镜、计算机等。

【实验内容与步骤】

(1)试样经不同热处理工艺处理。

(2)制备金相试样。

(3)观察分析显微组织并进行拍照。

(4)测量洛氏硬度或维化硬度值，并画出硬度曲线图。

【实验报告要求】

(1)实验报告要求格式规范，条理清晰，数据、图表处理科学合理，照片规格适当，注释全面、简明、准确。

(2)综合分析热处理工艺对中碳钢显微组织和性能的影响。

Ⅷ　合金元素对奥氏体晶粒长大或显微组织及性能的影响

【实验目的】

(1)研究热处理工艺对钢材奥氏体晶粒长大的影响。

(2)研究热处理工艺对钢材显微组织及性能的影响。

【实验材料及设备】

(1)材料：45 钢、40Cr。

(2)试样尺寸：$\phi 10 \times 15mm$。

(3)主要设备：加热炉、金相显微镜、砂轮机、抛光机、洛氏硬度计、数码金相显微镜、计算机等。

【实验内容与步骤】

(1)一组试样在不同温度加热、相同保温时间后淬火。

(2)一组试样在相同加热温度，不同保温时间后淬火。

(3)制备金相试样。

(4)对于研究奥氏体长大规律的试样，用定量金相法测出奥氏体晶粒尺寸。

(5)对于研究显微组织特征及性能的试样，用显微镜观察后测出洛氏硬度。

(6)根据需要拍摄数张金相照片。

【实验报告要求】

(1)实验报告要求格式规范，条理清晰，数据、图表处理科学合理，照片规格适当，注释全面、简明、准确。

(2)综合分析 Cr 元素对奥氏体晶粒长大的影响。

(3)综合分析 Cr 元素对钢材显微组织和性能的影响。

Ⅸ　合金元素对钢材淬透性及显微组织的影响

【实验目的】

(1)研究淬火温度对钢材淬透性的影响。

(2)研究淬火温度对钢材显微组织及性能的影响。

【实验材料及设备】

(1)材料：45 钢、40Cr 或 T8 钢、Gr15。

(2)试样尺寸：$\phi 10 \times 15$mm；端淬试样(国标)。

(3)主要设备：加热炉、砂轮机、抛光机、金相显微镜、洛氏硬度计、数码金相显微镜、计算机等。

【实验内容与步骤】

(1)一组小试样在相同温度加热后淬火。

(2)端淬试样在相同温度加热后淬火。

(3)制备金相试样,在显微镜下观察分析。

(4)对端淬试样测出洛氏硬度并制表。

(5)根据需要拍摄数张金相照片。

【实验报告要求】

(1)实验报告要求格式规范,条理清晰,数据、图表处理科学合理,照片规格适当,注释全面、简明、准确。

(2)综合分析 Cr 元素对钢材显微组织及性能的影响。

Ⅹ　淬火温度对 45 钢板条马氏体量及性能的影响

【实验目的】

(1)研究淬火温度对 45 钢马氏体量的影响。

(2)研究淬火温度对 45 钢显微组织及性能的影响。

【实验材料及设备】

(1)材料：45 钢。

(2)试样尺寸：$\phi 10 \times 15$mm。

(3)主要设备：加热炉、砂轮机、抛光机、金相显微镜、洛氏硬度计、数码金相显微镜、计算机等。

【实验内容与步骤】

(1)试样经不同热处理工艺处理。

(2)测量洛氏硬度值。

(3)制备金相试样。

(4)观察显微组织,根据需要拍摄数张金相照片。

【实验报告要求】

(1)实验报告要求格式规范,条理清晰,数据、图表处理科学合理,照片规格适当,注释全面、简明、准确。

(2)综合分析不同加热温度对 45 钢板条马氏体量及性能的影响。

Ⅺ　预处理对 Gr15 显微组织及性能的影响

【实验目的】

研究预处理对 Gr15 显微组织和性能的影响。

【实验材料及设备】

(1)材料：Gr15。

(2)试样尺寸：$\phi 10 \times 15$mm。

(3)试样原始状态：球化退火。

(4)主要设备：加热炉、砂轮机、抛光机、金相显微镜、洛氏硬度计、数码金相显微镜、计算机等。

【实验内容与步骤】

(1)一组试样在不同温度加热、相同保温时间后淬火。

(2)一组试样在相同加热温度淬火、不同回火温度回火。

(3)将经过预处理的试样进行上述相同的热处理工艺。

(4)制备金相试样,并在显微镜下对比预处理后和未经预处理的试样显微组织特征。

(5)根据需要拍摄数张金相照片。

【实验报告要求】

(1)实验报告要求格式规范,条理清晰,数据、图表处理科学合理,照片规格适当,注释全面、简明、准确。

(2)综合分析在相同热处理工艺下经过预处理和未经预处理试样的显微组织特征。

第二部分
金属力学性能实验

实验一　金属的拉伸实验

【实验目的】

(1)了解拉伸试验机的构造原理及使用方法。

(2)初步掌握金属材料的屈服强度、抗拉强度、延伸率和断面收缩率的测定方法,加深对强度指标和塑性指标的认识。

(3)初步建立碳钢的含碳量与其强度、塑性间的关系。

【实验说明】

拉伸试验是测定金属材料的强度指标和塑性指标的常用方法。它是把标准的金属试样夹持在拉力试验机上,对试样逐渐施加拉伸载荷,直至把试样拉断为止。把试验过程中试样发生屈服时的载荷以及其所能承受的最大载荷除以试样的原始横截面积,即可求得该材料的屈服极限(点)和强度极限;把试样拉断后的标距增长量及拉断处横截面积的缩减量分别除以试样的原始标距长度及试样的原始横截面积,即可求得该材料的延伸率和断面收缩率。

不同的金属材料具有不同的强度指标和塑性指标。一般来说,随着含碳量的增加,其强度提高而塑性下降。本实验使用30T液压式万能材料实验机。

1. 试验机工作原理

图1-1所示为液压式万能试验机的结构示意图。试验时,将试样18夹持在上钳口17和下钳口19中,开动电动机使油泵14开始工作。打开送油伐12,高压油即送入加载油缸16,使活塞15和带有上钳口的横梁上升。由于下钳口已固定不动,故横梁上升时,试样即被加载而拉长。

试样所受载荷大小有测力指针1指示。高压油在进入加载油缸的同时,也进入测力油缸5中,推动测力活塞6下降,从而带动十字形的测力杠杆8使砝码9扬起来。载荷越大,所需油压就越高,测力活塞上的推力以及此力对杠杆中心的推动力矩也就越大,故使测力杠杆的摆动角度 θ 增大。由于砝码重力产生的力矩与推动力矩平衡,因此,摆角 θ 的大小可以反映出试样所受载荷的大小。在测力杠杆摆动后,它的上部推动推杆2向右移动,推杆上的齿再带动齿轮3和测力指针转动,测力指针在刻度盘上的读数,即为试样所承受的载荷值。

推杆2的端部有一记录笔尖,可直接将载荷的大小(即纵向移动量)反映在记录圆筒10外面的记录纸上。当横梁上升使试样伸长时,可通过细绳11带动记录圆筒转动,使笔尖在纸上画出伸长量的人小(即横向移动量)。拉力试验时,试样的伸长量将随着载荷的提高而逐渐增加,故笔尖在记录纸上就自动画出载荷—伸长量曲线,即拉伸曲线(如图1-2所示)。

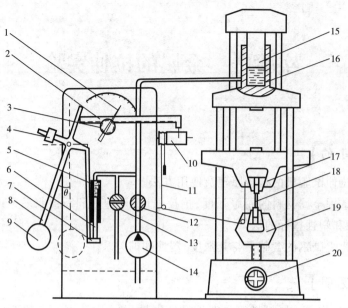

图 1-1　液压式万能材料试验机结构示意图

1—测力指针；2—推杆；3—齿轮；4—平衡块；5—测力油缸；6—测力活塞；7—拉杆；8—测力杠杆；
9—砝码；10—记录圆筒；11—细绳；12—送油阀；13—回油阀；14—油泵；15—活塞；16—加载油缸
17—横梁上钳口；18—拉力试样；19—下钳口；20—调整手轮

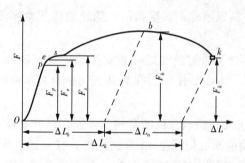

图 1-2　应力—应变曲线

2. 引伸仪工作原理

用引伸仪返回读数测 $\sigma_{0.2}$。将试样装在试验机上，加初负荷 σ_0，使其达到估计屈服强度的 10％，装上引伸仪，继续施加一系列递增的负荷（$\Delta\sigma = 20\text{N/mm}^2$），并在每一负荷处停留 5～10 秒，然后再卸载至初负荷，测定每次卸载至初负荷的残余伸长，直至试样的相对残余伸长等于或大于试样标距长度的 0.2％ 为止，可将试验记录在表 1-1 中。

表 1-1　引伸仪载荷读数表（分格）

次数	负荷 KN	加载读数（分格）	卸载读数（分格）	残余分格（读数）

当所测相对残余伸长大于原标距长度的 0.2％时,即用内插法求出相对残余伸长为原标距长度的 0.2％时的负荷 $P_{0.2}$,再按$=P_{0.2}/F_0$,求出 $\sigma_{0.2}$;当相对残余伸长小于原标距长度的 0.2％时,则用外插法求出。

【实验材料及设备】

(1)材料:20 钢、45 钢拉伸试样。

按 GB/T228－2002 规定,常用拉伸试样有圆形和板形两种。目前常用圆形,如图 1－3 所示。当试样的标距长度 l_0 与试样直径 d_0 之比为 10 时称为长试样或 10 倍试样;当两者之比为 5 时,称为短试样或 5 倍试样。

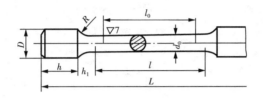

图 1－3　圆形拉力试样

(2)主要设备:30T(或 60T)液压式万能材料试验机、引伸仪、刻度器、游标卡尺、加热炉、热处理钳。

【实验内容及步骤】

(1)20 钢试样进行 930℃加热退火、45 钢试样进行 840℃加热退火和 840℃加热正火。

(2)用游标卡尺在试样标距两端及中央三处测原始直径(互相垂直方向各一次),取最小值并记录下来。

(3)用刻度器标出原始标距长度($l_0=10d_0$),再用游标卡尺测出原始标距长度 l_0 并记录下来。

(4)估计本实验的载荷使用量程,装上适当的砝码,再装上电记录纸、笔和牵引的细绳。

(5)将试样装入机器夹头,再将测力指针调整到零位;然后打开电动机,打开送油伐,慢慢加载至屈服强度 10％的初载荷以夹牢试样和消除试样机之间的空隙,装引伸仪(测 $\sigma_{0.2}$)并将此时引伸仪所示刻度作为 0 点,小于初载荷的数据不予考虑。

(6)以每分钟的应力增值不超过 600～700N/mm^2 的速度均匀加载,当测力指针第一次来回摆动或几乎不动时,表明材料已发生"屈服",记下屈服时载荷 P_s。当载荷继续上升到某一数值后,测力指针又往回摆,这时试样产生"颈缩"现象,记下此最大载荷 P_b。

(7)试样拉断后,关闭电动机和送油伐,取下试样并将断裂两端紧凑起来,量出断裂处的最小直径 d_k,直接或用补偿法(见附录 8)测量出试样的断裂长度。

(8)整理数据,计算出各试样的机械性能值 σ_s 或 $\sigma_{0.2}$、σ_b、δ_{10}、ψ_k值。

【实验报告要求】

(1)试验结果列表整理清楚,写出计算过程,绘出应力—应变曲线。

（2）分析、讨论材料、热处理工艺对其机械性能的影响，谈谈自己心得体会。

【实验注意事项】

（1）加载必须稳定、连续、缓慢，试样夹牢后，不得再调整下夹头的位置。

（2）加初载时，需用微调节，不宜一次加载过大，从而造成试样的塑性变形，影响试验的精确度。

（3）测 $\sigma_{0.2}$ 时，应在残留变形达到 0.2% 时立即停止加载，并取下引伸仪，以免试样产生大量塑性变形时损坏引伸仪。

附录 8　试样断裂长度 l_k 的测定
——消除断口位置对伸长率测定的影响

(1)将试样标距长度分为三等分,当断裂发生在中央 1/3 段范围内时,即可将试样紧凑在一起,直接量出 l_k。

(2)若试样断裂处不在标距长度中央 1/3 范围内,则需采用补偿法将断裂口移至试样中央部分,以求得 l_k。

例如:设试样断口处在左面 1/3 处,如下图所示,那么此时将长半截靠近断口处的标距刻度 O 向右数 $n/2$ 格(n 为标距长度内的总格数,本试验中,$n=10$),到达图中 A 点,然后,再视 A 到标距右端 D 点的格数向左数至相同的格数 B 点,即 $AD=AB$,则试样的断裂长度为:

$$l_k = AC + AB$$

当试样断口与其头部(夹头处)的距离小于 $2d$ 试样直径时,则试验失效,须重做。

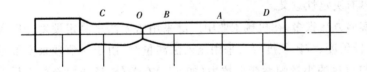

实验二　金属的硬度实验

【实验目的】

(1)了解不同硬度测定的基本原理及应用范围。

(2)了解布氏硬度、洛氏硬度、维氏硬度试验机的主要结构及操作方法。

【实验说明】

硬度是指在金属表面的不大体积内材料抵抗变形或破裂的能力,是一种综合性能指标。硬度测量能够给出金属材料软硬程度的数量概念。由于在金属表面以下不同深处材料所承受的应力和所发生的变形程度不同,因而硬度值可以综合地反应压痕附近局部体积内金属的弹性、微量塑变抗力、塑变强化能力以及大量形变抗力。硬度值越高,表明金属抵抗塑性变形能力越大,材料产生塑性变形就越困难。另外,硬度与其他机械性能之间有着一定的内在联系,所以从某种意义上说硬度的大小对于机械零件或工具的使用性能及寿命具有决定性意义。

硬度的实验方法很多,在机械工业中广泛采用压入法来测定硬度。压入法又可分为布氏硬度、洛氏硬度、维氏硬度等。采用压入法测量时,由于压痕残余变形量很大,所以,硬度值除了与材料的小量塑性变形抗力(如 $\sigma_{0.2}$)有关外,还与材料的大量塑性变形抗力及加工硬化能力有关。此外,硬度值还与所选择的测定方法和试验条件有关。所以,不同方法、不同试验条件所得出的硬度值是不同的。而且,在理论上,目前尚无简单、明确的相互关系作为换算的基础。

1.布氏(HB)硬度试验法

(1)工作原理

按 GB/T231.1－2009 试验方法。布氏硬度试验是施加一定大小的载荷 P,将直径为 D 的钢球压入被测金属表面(如图 2－1 所示)保持一定时间,卸除载荷,根据钢球在金属表面上所压出的凹痕面积 $F_{凹}$ 求出平均应力值,以此作为硬度值的参考指标,并用符号 HB 表示。

其计算公式如下:

$$HB = P/F_{凹} \qquad\qquad (2-1)$$

式中:HB——布式硬度值;

　　 P——载荷;

　　 $F_{凹}$——压痕面积。

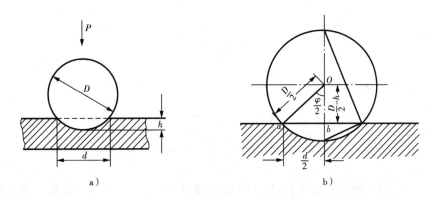

图 2-1　布氏硬度试验原理图

a)原理图;b)h 和 d 的关系

　　根据压痕面积和球面之比等于压痕深度 h 和钢球直径 D 之比的几何关系,可知压痕部分的球面积为:

$$F_凹 = \pi Dh \tag{2-2}$$

式中:D——钢球直径(mm;

　　　　h——压痕深度(mm)。

　　由于测量压痕直径 d 要比测定压痕深度 h 容易,故可将式(2-2)中 h 换成 D 来表示,这可根据图 2-1b 中△Oab 的关系求出:

$$\frac{1}{2}D - h = \sqrt{\left(\frac{D}{2}\right)^2 - \left(\frac{d}{2}\right)^2}$$

$$h = \frac{1}{2}(D - \sqrt{D^2 - d^2}) \tag{2-3}$$

将式(2-2)和式(2-3)代入式(2-1)即得:

$$HB = \frac{P}{\pi Dh} = \frac{2P}{\pi D(D - \sqrt{D^2 - d^2})} \tag{2-4}$$

式中只有 d 是变数,故只需测出压痕直径 d,根据已知 D 和 P 值就可计算出 HB 值。在实际测量时,可由测出之压痕直径 d 直接查表得到 HB 值。

　　由于金属材料有硬有软,所测工件有厚有薄,若只采用同一种载荷(如 3000kgf)和钢球直径(如 10mm)时,则对硬的金属合适,而对极软的金属就不合适,会发生整个钢球陷入金属中的现象;若对于厚的工件合适,则对于薄件会出现压透的可能,所以在测定不同材料的布氏硬度时就要求有不同的载荷 P 和钢球直径 D。为了得到统一的、可以相互进行比较的数值,必须使 P 和 D 之间维持某一比值关系,以保证所得到的压痕形状的几何相似关系,其必要条件就是使压入角保持不变。

　　根据相似原理,由图 2-1b 可知 d 和 φ 的关系是:

$$\frac{D}{2}\sin\frac{\varphi}{2} = \frac{d}{2}$$

或

$$d = D\sin\frac{\varphi}{2} \tag{2-5}$$

以此代入式(2-4)得：

$$HB = \frac{P}{D^2}\left[\frac{2}{\pi(1-\sqrt{1-\sin^2\frac{\varphi}{2}})}\right] \tag{2-6}$$

式(2-6)说明,当 φ 值为常数时,为使 HB 值相同, P/D^2 也应保持为一定值。因此对同一材料而言,不论采用何种大小的载荷和钢球直径,只要能满足 $P/D^2 =$ 常数,所得的 HB 值是一样的。对不同材料来说,所得的 HB 值也是可以进行比较的。按照 GB/T231.1—2009 规定, P/D^2 比值有 30、10 和 2.5 三种,具体试验数据和适用范围可参考表 2-1 所列。

表 2-1　布氏硬度试验规范(GB/T231.1—2009)

金属种类		布氏硬度值范围(HB)	试样厚度(mm)	载荷 P 与钢球直径 D 的相互关系	钢球直径 D (mm)	载荷 P (kgf,kN)	载荷保持时间(s)
黑色金属	如:退火、正火、调质状态的中碳钢和高碳钢、灰口铸铁等	140~450	6~3 4~2 <2	$P=30D^2$	10.0 5.0 2.5	3000 750 187.5	10
	如:退火状态的低碳钢、工业纯铁等	<140	>6 6~3 <3	$P=30D^2$	10.0 5.0 2.5	3000 750 187.5	30
有色金属	如:特殊青铜、钛及钛合金等	>130	6~3 4~2 <2	$P=30D^2$	10.0 5.0 2.5	3000 750 187.5	30
	如:铜、黄铜、青铜、镁合金等	31.8~130	9~6 6~3 <3	$P=10D^2$	10.0 5.0 2.5	1000 250 62.5	30
	如:铝及轴承合金等	8~35	>6 6~3 <3	$P=2.5D^2$	10.0 5.0 2.5	250 62.5 15.6	60

(2)技术要求

① 试样表面必须平整光洁,以使压痕边缘清晰,保证精确测量压痕直径 d。

② 压痕距离试样边缘应大于 D(钢球直径),两压痕之间应不小于 D。

③ 用读数显微镜测量压痕直径 d 时,应从相互垂直的两个方向上进行,取平均值。

（3）机体结构

HB－3000 型布氏硬度试验机的外形结构如图 2－2 所示。其主要部件及作用如下：

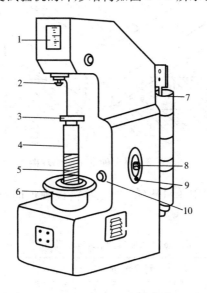

图 2－2　HB－3000 布氏硬度试验机外形结构图

1—指示灯；2—压头；3—工作台；4—立柱；5—丝杠；6—手轮；

7—载荷砝码；8—压紧螺钉；9—时间定位器；10—加载按钮

①　机体与工作台：硬度机有铸铁机体，在机体前台面上安装了丝杠座，其中装有丝杠，丝杠上装立柱和工作台，可上下移动。

②　杠杆机构：杠杆系统通过电动机可将载荷自动加在试样上。

③　压轴部分：用以保证工作时试样与压头中心对准。

④　减速器部分：带动曲柄及曲柄连杆，在电机转动及反转时，将载荷加到压轴上或从压轴上卸除。

⑤　换向开关系统：控制电机回转方向装置，使加、卸载荷自动进行。

（4）操作程序

①　试样放在工作台上，顺时针转动手柄，使压头压向试样表面直至手轮对下面螺母产生相对运动为止。

②　按动加载按钮，启动电动机，即开始加载荷。当红色指示灯闪亮时，达到所要求的载荷并持续一定时间后，开始自动卸载。

③　逆时针转动手轮降下工作台，取下试样用读数显微镜测出压痕直径 d，以此值查表即得 HB 值（见附录 9）。

2. 洛氏（HR）硬度试验法

（1）工作原理

按 GB/T230.1—2009 试验方法。洛氏硬度也属压入硬度法，但它不是测定压痕面积，而是根据压痕深度来确定硬度值。其试验原理如图 2－3 所示。

洛氏硬度试验所用压头有两种：一种是顶角为 120° 的金刚石圆锥，另　种是直径为 $1''/16$ 或 $1''/8$ 的淬火钢球。根据金属材料软硬程度不同，可选用不同的压头和载荷配合

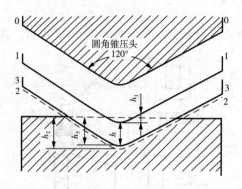

图 2-3　洛氏硬度试验原理图

使用,最常用的是 HRA、HRB 和 HRC。这三种洛氏硬度的压头、负荷及使用范围列于表 2-2。

表 2-2　洛氏硬度的规范(GB/T230.1-2009)

符　号	压　头	负荷(N)	测量范围	使　用　范　围
HRA	120° 金刚石圆锥	588.4	60-88	硬质合金、表面淬火层、碳化物、淬火工具钢
HRB	$\frac{1}{16}''$ 钢球	980.7	25~100	铜合金、铝合金、退火及正火钢、可锻铸铁
HRC	120° 金刚石圆锥	1471.1	20~70	调质钢、淬火钢、深层表面硬化层

　　洛氏硬度测定时,需要先后两次施加载荷(预载荷和主载荷),预加载荷的目的是使压头与试样表面接触良好,以保证测量结果准确。图 2-3 中 0-0 位置为未加载荷时的压头位置,1-1 为加上 10kgf 预加载荷后的位置。此时,压入深度为 h_2。h_2 包括由加载所引起的弹性变形和塑性变形。卸除主载荷后,由于弹性变形恢复而稍提高到 3-3 位置,此时压头的实际压入深度为 h_3。洛氏硬度就是主载荷所引起的残余压入深度($h=h_3-h_1$)来表示。但这样直接以压入深度的大小表示硬度,将会出现硬的金属硬度值小,而软的金属硬度值大的现象,这与布氏硬度所标志的硬度值大小的概念相矛盾。为了与习惯上数值越大硬度越高的概念相一致,采用一常数 K 减去(h_3-h_1)的差值表示硬度值。为简便起见又规定每 0.002mm 压入深度作为一个硬度单位(即刻度盘上一小格)。

　　洛氏硬度值的计算公式如下:

$$HR=\frac{K-(h_3-h_1)}{0.002}$$

式中:h_1——预加载荷压入试样的深度(mm);

　　　h_2——卸除载荷后压入试样的深度(mm);

K——常数,采用金刚石圆锥时 $K=0.2$(用于 HRA、HRC),采用钢球时 $K=0.26$ (用于 HRB)。

因此,上式可改为:

$$HRC(或 HRA)=100-\frac{h_3-h_1}{0.002}$$

$$HRB=130-\frac{h_3-h_1}{0.002}$$

(2)技术要求

① 根据预测的金属硬度,按表 2-2 选定压头和载荷。

② 试样表面应平整光洁,不得有氧化皮或油污以及明显的加工痕迹。

③ 试样厚度应不小于压入深度的 10 倍;两相邻压痕及压痕离试样边缘的距离均不应小于 3mm。

④ 加载时力的作用线,必须垂直于试样表面。

(3)机体结构

HR-150 型杠杆式洛氏硬度试验机的结构如图 2-4 所示,其主要部分和作用如下:

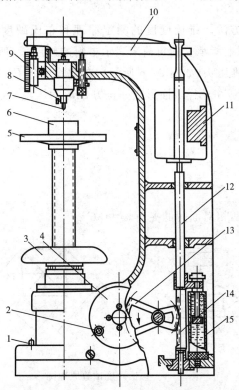

图 2-4　HR-150 型洛氏硬度计

1—按钮;2—手柄;3—手轮;4—转盘;5—工作台;6—试样;7—压头;

8—压轴;9—指示器表盘;10—杠杆;11—砝码;12—顶杆;13—扇齿轮;14—齿条;15—缓冲器

① 机体及工作台：试验机有坚固的铸铁机体，在机体前面安装有不同形状的工作台，通过手轮的转动，借助螺杆的上下转动而使工作台上升或下降。

② 加载机构：由加载杠杆（横杆）及挂重架（纵杆）等组成，通过杠杆系统将载荷传至压头而压入试样，借扇形齿轮的转动可完成加载和卸载任务。

③ 千分表指示盘：通过刻度盘指示各种不同的硬度值（如图 2-5 所示）。

（4）操作程序

① 根据试样预期硬度，按表 2-2 确定压头和载荷。

② 将符合要求的试样放置在试验台上，顺时针转动手柄，使试样与压头缓慢接触，当加上预加载荷 10kgf 后，即调整好读数表盘的零点，然后再平稳地施加主载荷。

图 2-5　洛氏硬度计刻度盘

③ 总载荷（主载荷＋初载荷）加好后，待表盘指针停稳，即卸除主载荷，此时试样将仍受初载荷继续作用，读出刻度表盘上指针所示硬度值，记录下来。

④ 逆时针旋转手轮，使工作台缓慢下降，取下试样，测试完毕。

3. 维氏硬度试验法

（1）工作原理

按 GB/T4340 试验方法。维氏硬度的测定原理和布氏硬度法、洛氏硬度法基本相同，也是用单位压痕面积上所受的负荷来表示材料的硬度值，所不同的是，维氏硬度所用压头为金刚石正四棱锥压头（如图 2-6 所示），在试验负荷 P（常用值为 1、3、5、10、20、30、50、100kgf）的作用下，在试样表面形成一正方锥形的压痕，若设对角线长度为 d，则该压痕的面积为：

$$F = \frac{d^2}{2\sin\frac{\varphi}{2}}$$

式中：φ——金刚石压头上两相对面间的夹角 $\varphi = 136°$。

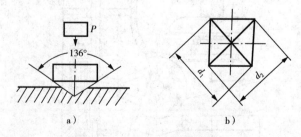

a)　　　　　　　　　b)

图 2-6　维氏硬度试验原理图

所以维氏硬度值 HV 为：

$$HV = \frac{P}{F} = \frac{2P\sin68°}{d^2} = 1.8544\frac{P}{d^2}$$

（2）技术要求

① 维氏硬度试验的压痕一般较小，为了保证测量的精度，试样表面要求具有较高的光洁度，表面不允许有锈蚀、机加工粗划痕、油污等。

② 试验面与支撑面应平行，保证试验时试验面与压头轴线垂直。

③ 根据试样材料估计硬度范围，按有关规范选择负荷。

④ 加荷时间应不小于 10 秒。

⑤ 试样厚度应大于 1.5 倍对角线长度，压痕间距要小于 2.5 倍压痕对角线长度（钢铁）。

（3）操作程序

① 根据试样预期硬度，按表 2-3 规范和表 2-4 选择试验力。

② 把试样放在载物台上，旋转手柄，使试样上升并与压头帽接触旋转至感到着力为止。

③ 扳动加荷手柄使载荷徐徐加至试样上，保持 10 秒以上时间后，即缓慢卸载。

④ 将试验机上的测量显微镜移至压痕上方，对准焦距，测出压痕对角线的长度，依所加载荷及压痕对角线长度计算或查表（HV-d）得维氏硬度值。

表 2-3　维氏硬度规范（GB/T4340）

硬度符号	试验力范围（N）	试验名称
≥HV5	$F \geqslant 49.03$	维氏硬度试验
HV0.2～＜HV5	$1.961 \leqslant F < 49.03$	小力维氏硬度试验
HV0.01～＜HV0.2	$0.09807 \leqslant F < 1.961$	显微维氏硬度试验

注：维氏硬度压痕对角线的长度范围是 0.020～1.400mm。

表 2-4　维氏硬度应选试验力（GB/T4340）

维氏硬度试验		小力值维氏硬度试验		显微维氏硬度试验	
硬度符号	试验力标称值（N）	硬度符号	试验力标称值（N）	硬度符号	试验力标称值（N）
HV5	49.03	HV0.2	1.961	HV0.01	0.09807
HV10	98.07	HV0.3	2.942	HV0.015	0.1471
HV20	196.1	HV0.5	4.903	HV0.02	0.1961
HV30	294.2	HV1	9.807	HV0.025	0.2452
HV50	490.3	HV2	19.61	HV0.05	0.4903
HV100	980.7	HV3	29.48	HV0.1	0.9807

注：维氏硬度试验可使用大于 980.7N 的试验力；显微维氏硬度试验力为推荐值。

【实验内容与步骤】

（1）全班分若干组，分别进行布氏硬度、洛氏硬度和维氏硬度试验，并相互轮换。

（2）试验前仔细阅读试验原理、技术要求及操作规程。

(3)按照规定的操作程序测定试样的硬度值(HB、HRC、HV)。

【实验材料及设备】

(1)材料:20 钢、45 钢、T8 钢,退火及淬火回火状态。

试样尺寸:$\phi30\times10mm$、$\phi10\times10mm$。

(2)主要设备:HB-3000 型布氏硬度试验机、HR-150 型洛氏硬度试验机、HV-10 型维氏硬度计、加热炉、读数显微镜等。

【实验报告要求】

(1)简述三种硬度试验原理。

(2)列表整理试验数据并分析讨论之。

【实验注意事项】

(1)洛氏硬度测试时,圆柱形试样应放在带有"V"形槽的工作台上,以防试样滚动。

(2)加预载荷时若发现阻力太大,应停止加载,检查原因。

(3)卸掉载荷后,必须使压头完全离开试样后再取下试样。

(4)金刚石压头系贵重物件,质硬而脆,使用时要小心谨慎,严禁与试样或其他物件碰撞。

(5)应根据硬度试验机使用范围,按规定合理选用不同的载荷和压头,超过使用范围将不能获得准确的精度值。

附录9 GB/T231.1-2009 压痕直径与布氏硬度对照表

压痕直径	在下列载荷 $P(\text{kgf})$ 下布氏硬度(HB)			压痕直径	在下列载荷 $P(\text{kgf})$ 下布氏硬度(HB)		
$D_{10}(\text{mm})$	$30D^2$	$10D^2$	$2.5D^2$	$D_{10}(\text{mm})$	$30D^2$	$10D^2$	$2.5D^2$
2.50	601	200	50.1	4.25	201	67.1	16.8
2.55	578	193	48.1	4.30	197	65.5	16.4
2.60	555	185	46.3	4.35	192	63.9	16.0
2.65	534	178	44.5	4.40	187	62.4	15.6
2.70	514	171	42.9	4.45	183	60.9	15.2
2.75	495	165	41.3	4.50	179	59.5	14.9
2.80	477	159	39.8	4.55	174	58.1	14.5
2.85	461	154	33.4	4.60	170	56.8	14.2
2.90	444	148	37.0	4.65	167	55.5	13.9
2.95	429	143	35.8	4.70	163	54.3	12.6
3.00	415	138	34.6	4.75	159	53.0	13.3
3.05	410	133	33.4	4.80	156	51.9	13.0
3.10	388	129	32.3	4.85	152	50.7	12.7
3.15	375	125	31.3	4.90	149	49.6	12.4
3.20	363	121	30.3	4.95	146	48.5	12.2
3.25	352	118	29.3	5.00	143	47.5	11.9
3.30	341	114	28.4	5.05	140	46.5	11.6
3.95	331	110	27.5	5.10	137	45.5	11.4
3.40	321	107	26.7	5.15	134	44.6	11.2
3.45	311	104	25.9	5.20	131	43.7	10.9
3.50	302	101	25.2	5.25	128	42.8	10.7
3.55	293	98	24.5	5.30	126	41.9	10.5
3.60	285	95	23.7	5.35	123	41.0	10.3
3.65	277	92.3	23.1	5.40	121	40.2	10.1
3.70	269	89.7	22.4	5.45	118	39.4	9.86

（续表）

压痕直径	在下列载荷 P(kgf)下布氏硬度（HB)			压痕直径	在下列载荷 P(kgf)下布氏硬度（HB)		
D_{10}(mm)	$30D^2$	$10D^2$	$2.5D^2$	D_{10}(mm)	$30D^2$	$10D^2$	$2.5D^2$
3.75	262	87.2	21.8	5.50	116	38.6	9.66
3.80	255	84.9	21.2	5.55	114	37.9	9.46
3.85	248	82.6	20.7	5.60	111	37.1	9.27
3.90	241	80.4	20.1	5.65	109	36.4	9.10
3.95	235	78.3	19.6	5.70	107	35.6	8.90
4.00	229	76.3	19.1	5.75	105	25.0	8.76
4.05	223	74.3	18.6	5.80	103	34.3	8.59
4.10	217	72.4	18.1	5.85	101	33.7	8.24
4.15	212	70.6	17.6	5.90	99	33.1	8.26
4.20	207	68.8	17.2				

注：(1)本表摘自国家标准金属布氏硬度试验法(GB/T231.1—2009)中规定的数据。

(2)表中压痕直径为 $D=10$mm 钢球的试验数据，如用 $D=5$mm 或 $D=2.5$mm 钢球试验时，则所得痕直径应分别增至2倍或4倍。例如，用 $D=5$mm 钢球在750kgf载荷下所得的压痕直径为1.65mm，则查表时采用 $1.65\times2=3.30$mm，而其相应硬度值为341。

各种硬度(布氏、洛氏、维氏)换算表

布氏硬度	洛氏硬度		维氏硬度	布氏硬度	洛氏硬度		维氏硬度
$HB_{10/3000}$	HRA	HRC	HV	$HB_{10/3000}$	HRA	HRC	HV
—	83.9	65	856	341	(69.0)	37	347
—	83.3	64	825	332	(68.5)	36	338
—	82.8	63	795	323	(68.0)	35	320
—	82.2	62	766	314	(67.5)	34	320
—	81.7	61	739	306	(67.0)	33	312
—	81.2	60	713	298	66.4	32	304
—	80.6	59	688	291	(65.9)	31	296
—	80.1	58	664	283	(65.4)	30	289
—	79.5	57	642	275	(64.9)	29	281
—	79.0	56	620	269	(64.4)	28	274
—	78.5	55	599	263	(63.8)	27	268
—	77.9	54	579	257	(63.3)	26	261
—	77.4	53	561	251	(62.8)	25	255
—	76.9	52	543	245	(82.3)	24	240

（续表）

布氏硬度	洛氏硬度		维氏硬度	布氏硬度	洛氏硬度		维氏硬度
$HB_{10/3000}$	HRA	HRC	HV	$HB_{10/3000}$	HRA	HRC	HV
501	76.3	51	525	240	(61.7)	23	243
466	75.8	50	509	234	(61.2)	22	237
474	75.3	49	493	229	(60.7)	21	231
461	74.7	48	478	225	(60.2)	20	226
449	74.2	47	463	220	(59.7)	(19)	221
436	73.7	46	449	216	(59.1)	(18)	216
424	73.2	45	436	211	(58.6)	(17)	211
413	72.6	44	423	208	(58.1)	(16)	—
401	72.1	43	411	204	(57.6)	(15)	—
391	71.6	42	399	200	(57.1)	(14)	—
380	71.1	41	388	196	(56.5)	(13)	—
370	70.5	40	377	192	(56.0)	(12)	—
360	70.0	39	367	188	(55.5)	(11)	—
350	(69.5)	38	357	185	(55.0)	(10)	—

注:(1)本表摘自国家标准 GB/T1172—1999 中所列数据。

　　(2)表中常有括号"()"的硬度值仅供参考。

实验三　金属冲击韧性试验

【实验目的】

(1)了解冲击试验机的构造及使用方法。

(2)初步掌握金属材料冲击韧性的测定方法。

(3)初步建立钢的热处理与其冲击韧性间的关系。

【实验说明】

一次冲击试验是测定金属材料韧性的常用方法。它是将符合国家标准的冲击试样放在试验机的支座上,再将一定重量的摆锤升高到一定位置,使其具有一定位能,然后让摆锤自由下降将试样冲断。摆锤冲断试样所消耗的能量即为冲击功 A_k。A_k值的大小代表金属材料韧性的高低。习惯上仍采用冲击韧性值 a_k 表示金属材料的韧性。其中 $a_k = A_k/F(J/cm^2)$。本实验按国家标准 GB/T229—2007 试验方法进行。

【实验材料及设备】

(1)材料:45 钢夏比 U 型缺口冲击试样(如图 3－1 所示),试样的尺寸与偏差见表 3－1;

处理状态:840℃正火、840℃淬火回火等;

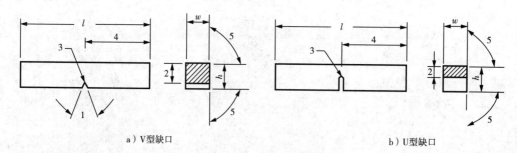

a)V型缺口　　　　　　　　　　　　　　b)U型缺口

图 3－1　夏比冲击试样

(2)主要设备:BJ－30 型冲击试验机、加热炉等。

冲击试验主要设备为冲击试验机。本试验采用国产 BJ－30 型冲击试验机(如图 3－2 所示)。试验时先按动上升按钮,将摆锤 6 抬到试验高度,使插销插入摆轴 5 的槽内,把试样放在支座的钳口 1 上,待一切准备完毕后,按动下降按钮,使摆锤自由落下,当摆锤冲断试样后,其剩余能量又使摆锤向另一方向扬起一定高度,按动制动按钮,令摆锤停止摆动。

　　冲击功由指针 4 指示。因为当摆锤自由下落时,拨针 2 即随其一起转动。但当摆锤回摆,拨针反转时,指针停止不动。这时指针在刻度盘 3 上指示的读数,即为试样所承受的冲击功值。

表 3－1　试样的尺寸与偏差(GB/T229－2007)

名　　称	符号及序号	V 型缺口试样		U 型缺口试样	
		公称尺寸	机加工偏差	公称尺寸	机加工偏差
长度	l	55mm	±0.60mm	55mm	±0.60mm
高度	h	10mm	±0.075mm	10mm	±0.11mm
宽度(标准)	w	10mm	±0.11mm	10mm	±0.11mm
缺口角度	1	45°	±2°	—	—
缺口底部高度	2	8mm	±0.075mm	8mm 5mm	±0.08mm ±0.08mm
缺口根部半径	3	0.25mm	±0.025mm	1mm	±0.07mm
缺口对称面—端部距离	4	27.5mm	±0.42mm	27.5mm	±0.42mm
缺口对称面—试样纵轴角度		90°	±2°	90°	±2°
缺口纵向间夹角	5	90°	±2°	90°	±2°

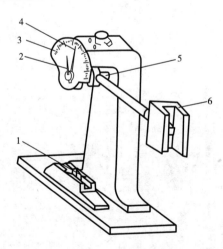

图 3－2　BJ－30 型冲击试验机

1—支座钳口;2—拨针;3—刻度盘 4—指针;5—摆轴;6—摆锤

【实验内容与步骤】

(1)检查试样有无缺陷。用游标卡尺测量试样缺口处的断面尺寸,并记录测量数据。

(2)了解试验机结构后,先进行一次空打,如无不正常的摩擦及阻力存在,空打后,零点位移不得超过 0.1J。

（3）装置冲击试样，试样的缺口背向摆锤的刃口，二者中心线重合，允许偏差不得超过 0.2mm；按操作顺序进行试验。

（4）读出刻度盘上的冲击功 A_k 值并记录下来。

（5）观察试样的断口形貌。

【实验报告要求】

（1）列表写出测得数据，计算出 a_k 值，并进行比较。

（2）画出试样断口形貌，讨论试验结果。

（3）试验中影响材料冲击韧性值的因素有哪些？本试验测得的冲击韧性值是否精确？为什么？

【实验注意事项】

（1）试验时绝对不允许身体进入摆锤的打击范围内，否则有生命危险。

（2）在装置冲击试样时，应将摆锤用支架（或用手）托住，以防万一。

（3）未经许可，不准随便搬动摆锤和控制手柄。

实验四　钢材成分、热处理工艺
对钢的力学性能的影响

【实验目的】

(1)了解拉伸、冲击、硬度试验的基本原理及操作规程。

(2)了解各种试验机构造原理、使用方法及应用范围。

(3)认识钢的含碳量及热处理工艺与其力学性能之间的关系。

【实验说明】

拉伸试验是测定金属材料的强度和塑性性能的常用方法;冲击试验是测定金属材料韧性的常用方法;硬度试验是测定金属材料表面的不大体积内抵抗变形或破裂的能力。

【实验设备及材料】

(1)材料:20钢拉伸试样、45钢拉伸试样、45钢冲击试样、20钢硬度试样、45钢硬度试样、T8钢硬度试样、金相砂纸、抛光呢、研磨膏、4%硝酸酒精、酒精、脱脂棉等。

(2)主要设备:30T液压万能材料试验机、BJ-30型冲击试验机、HB-3000型布氏硬度计、HR-150洛氏硬度计、HV-10维氏硬度计、加热炉、砂轮机、抛光机、金相显微镜、带CCD摄像头显微镜、计算机、读数显微镜、刻度器、引伸仪、游标卡尺、螺旋测微尺、热处理钳等。

【实验内容与步骤】

(1)热处理。

① 对20钢拉伸试样进行退火;

② 对45钢拉伸试样进行退火和正火;

③ 对45钢冲击试样进行退火、正火及水淬;

④ 对20钢、45钢、T8钢硬度试样进行退火、正火及水淬;

⑤ 对淬火后的45钢试样(冲击和硬度)进行低温、中温、高温回火。

(2)测量试样。

用刻度器游标卡尺、螺旋测微尺等工具测量相关原始尺寸。

(3)检查设备。

检查设备运行情况、调零等。

(4)根据国家标准进行试验。

① 静拉伸试验；

② 冲击韧性试验；

③ 砂轮机打磨测定洛氏和布氏硬度；

④ 制样、观察、绘制、分析组织示意图；

⑤ 拍照、保存并打印(如需要)。

(5)数据处理。

(6)撰写报告。

【实验报告要求】

建议采用以下格式：

(1)实验目的。

(2)实验原理及方法。

(3)实验结果及分析。

(4)结论。

(5)实验心得体会。

(5)参考文献。

【实验注意事项】

(1)应根据各试验机的使用范围,合理选用的不同的载荷及夹具、压头。

(2)做热处理实验时,开、关炉门时要断电,以防触电。

(3)做冲击实验时,绝对不允许身体进入摆锤的打击范围；装置试样时,将摆锤用支架(或用手)托住,以防万一。

实验五　金属材料平面应变断裂韧性 K_{1c} 的测试

【实验目的】

(1)了解三点弯曲试样的尺寸要求和加工过程。

(2)掌握 K_{1c} 的测试原理及方法,并准确测定 K_{1c} 值。

(3)掌握试验设备和仪器的操作规程,一般了解其结构和工作原理。

(4)比较成分、热处理工艺和结构(包括各种缺陷结构)对 K_{1c} 的影响。

【实验说明】

已知在平面应变条件下,裂纹尖端应力强度因子的表达式为:

$$K_1 = y\sigma\sqrt{a} \qquad\qquad (5-1)$$

式中:σ——作用在 I 型裂纹面上的平均拉伸应力;

　　a——单边穿透裂纹的长度;

　　y——几何形状因子,它决定于试样及裂纹的形状和加载方式。

对于 $\dfrac{S}{W}=4$ 的三点弯曲试样(见下文)由边界配置法可以求得。

$$y\sigma\sqrt{a} = \frac{P}{B\sqrt{W}}f\left(\frac{a}{W}\right) = K_1 \qquad\qquad (5-2)$$

式中:B——试样厚度;

　　S——跨距长度;

　　W——试样宽度;

　　P——试验载荷。

对三点弯曲试样,$f\left(\dfrac{a}{W}\right)=\left[7.51+3.00\left(\dfrac{a}{W}-0.50\right)^2\right]\sec\left(\dfrac{\pi a}{2W}\right)\cdot\sqrt{\operatorname{tg}\left(\dfrac{\pi a}{2W}\right)}$,可查表求得。

因为 B、a、W 为定值,故可知随着外加载荷 P 增大,裂纹尖端的应力强度因子 K_1 也增大,当 $P \rightarrow P_c$(载荷的临界值)时,$K_1 \rightarrow K_{1c}$,即裂纹开始失稳扩展。

于是,下面的问题就归结为确定试验过程中的临界载荷 P_c。考虑到实验测量的准确值,通常是用 $\dfrac{\Delta a}{a}=2\%$(即裂纹相对扩展 2%)时所对应的载荷 P_Q 来作为临界载荷的,此

时所得的 K_1 称为条件 K_{1c}，常表示为 K_Q。

【实验材料与设备】

（1）材料：三点弯曲试样。

（2）主要设备：三点弯曲试验机、应变仪、$X-Y$ 函数记录仪、载荷传感器、夹式引伸计、读数显微镜、加热炉。

【实验内容与步骤】

1. 三点弯曲试样的制备

本实验按国家标准 GB/T4161－1984 试验方法进行。

（1）取样和标记

凡经过压力加工的材料都不同程度上具有各向异性，所以断裂韧性与试件取向有关。试件取向通过两个字母表示，第一个字母代表裂纹面的法线方向，第二个字母代表裂纹扩展方向。图 5-1 所示六种不同取向的试件，经研究表明，$L—S$ 取向，K_{1c} 值最高；$S—L$ 取向，K_{1c} 值最低。

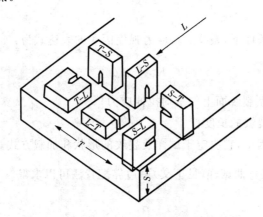

图 5-1 板材试件裂纹面方位图

在实验取样时，试件裂纹取向应与构件中最危险的裂纹方向一致。

（2）试样尺寸的确定

三点弯曲试样示意图如图 5-2 所示。

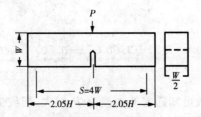

图 5-2 三点弯曲试样

其中，$B:W:S=1:2:8$，且 B，a 和 $(W-a) \geqslant 2.5[K_{1c}/\sigma_s(\sigma_{0.2})]^2$。

B 的确定方法如下：

① 先估算出 K_{1c},因此可得出 B 的特定值;

② 由 σ_S/E 比值,选择 B,如表 5-1 所示。

表 5-1 推荐的最小厚度 B(保证试验条件为平面应变)

σ_S/E	B(毫米)	σ_S/E	B(毫米)
0.0050~0.0057	75	>0.0071~0.0075	32
>0.0057~0.0062	63	>0.0075~0.0080	25
>0.0062~0.0065	50	>0.0080~0.0085	20
>0.0065~0.0068	44	>0.0085~0.0100	12.5
>0.0068~0.0071	38	>0.0100	6.5

注:E——杨氏模量($kN/mm^{3/2}$)。

(3)缺口的宽度要求

宽度要满足以下条件 $N \leqslant \dfrac{W}{10}$。小试件可用电火花线切割机制出缺口,缺口根部半径 $\leqslant 0.08mm$;大试件采用山形缺口,缺口根部半径 $\leqslant 0.25mm$。

(4)疲劳裂纹长度要求

不小于 $2.5\%W$,且不小于 $1.5mm$,裂纹总长度 $a \approx 0.45 \sim 0.55W$。

2. 试样的安装及设备的操作

常用三点弯曲试验装置如图 5-3 所示。

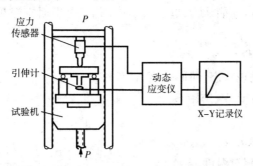

图 5-3 三点弯曲试验装置示意图

1—夹式引伸计;2—试件;3—载荷传感器;4—应变仪;5—X-Y 记录仪

① 将粘贴刀口的试样放在试样机规定宽度的支撑上。

② 安装夹式引伸计,要使刀口和引伸计的凹槽配合好。

③ 将载荷传感器和夹式引伸计分别接到应变仪上,使输出信号放大,再分别接到 X-Y 记录仪上的载荷和位移柱上。

④ 选择记录仪的量程,要使初始弹性部分直线斜率为 $0.7 \sim 1.5$,并使画出的图形大小适中。量程选定后,对载荷传感器和引伸计进行标度。

⑤ 载荷速度要均匀,并使应力强度因子增加速率为 $100 \sim 500(kN/mm^{3/2})/$分。如估计试件 K_{1c} 约 $250kN/mm^{3/2}$,则可在 $0.5 \sim 2.5$ 分钟内加载到断裂,记录下初始载荷和断裂载荷。

⑥ 记录试验温度和断口外貌。

【实验数据处理】

1. K_Q 的计算

(1)从记录的 $P-V$ 曲线(参看附录10)上确定 P_Q 值。

(2)用读数显微镜测出有效裂纹长度,取平均值,$a = \frac{1}{3}(a_2 + a_3 + a_4)$,如图 5-4 所示。

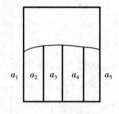

(3)根据测得的 a 和 W 值,计算 a/W 值,查表求出 $f(\frac{a}{W})$。

(4)将 P、B、W、$f(\frac{a}{W})$ 代入 $K_Q = \frac{P_Q}{B\sqrt{W}} f(\frac{a}{W})$,求出 K_Q 的值。

图 5-4　试样裂纹示意

2. 有效性校核

计算得到的 K_Q 值是否为平面应变断裂韧性 K_{1C},需要进行校核:

(1)a_2、a_3、a_4 中最大与最小裂纹长度之差不得超过 $2.5\%(\approx 5\% a)$;

(2)表面处裂纹 a_1、a_5 不得小于 a 的 90%;

(3)a 应在 $0.45 \sim 0.55W$ 之间;

(4)B、a 和 $(W-a)$ 均应 $\geqslant 2.5[K_Q/\sigma_s(\sigma_{0.2})]^2$;

(5)$P_{max}/p_Q \leqslant 1.1$。

以上各条件满足时,才能认为试验有效,即 K_Q 就是平面应变断裂韧性 K_{1c}。

【实验报告要求】

(1)试验材料、热处理状态、屈服强度、试件编号。

(2)试件厚度 B,高度 W、跨距 S。

(3)试件取向。

(4)裂纹长度值 a_1、a_2、a_3、a_4、a_5。

(5)试验时温度和相对温度。

(6)$P-V$ 曲线。

(7)断口外貌特征。

(8)注明 K_{1c} 有效条件或 K_Q 不能作为有效 K_{1c} 的条件。

【实验注意事项】

(1)安装试样后支撑辊要能自由滚动。

(2)所加载荷的作用线要通过跨度中心,偏差小于跨度的 1%。

(3)裂纹端点要放在两个支撑辊间的中心线上,偏差应小于跨度的 1%。

(4)试件和支撑辊线要成直角,偏差应在 $2°$ 以内。

附录 10　条件临界载荷 P_Q 的研究

由以上所述可知，P_Q 值即为 $\dfrac{\Delta a}{a} = 2\%$ 时所对应的载荷。实验上通常是由载荷—位移 $(P-V)$ 曲线来确定的。

如下图所示，由于试样厚度和材料的韧性不同，所测出的 $P-V$ 曲线常有三种类型。为了确定 P_Q 值，需先从原点作一相对于直线部分斜率减少 5% 的割线确定相应的载荷 P_S。P_S 是割线与 $P-V$ 曲线交点的纵坐标值。如果在 P_S 以前没有比 P_S 大的高峰载荷，则 $P_S = P_Q$，利用 P_Q 按上式计算 K_Q 值；如果在 P_S 以前已有一个高峰载荷为 P_Q，则取这个高峰载荷为 P_Q，此时所对应的裂纹扩展量即为 2%。

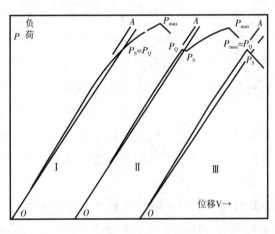

三种典型的 $P-V$ 曲线

附录 11 三点弯曲试验的 $f(\frac{a}{W})$ 值

$$S/W = 4.0$$

$$K_Q = \frac{PQY}{B\sqrt{W}}f(\frac{a}{W})$$

$$f(\frac{a}{W}) = [7.51 + 3.00(\frac{a}{W} - 0.50)^2]\sec(\frac{\pi a}{2W})\sqrt{\tan(\frac{\pi a}{2W})}$$

a/W	0.000	0.001	0.002	0.003	0.004	0.005	0.006	0.007	0.008	0.009	0.010
0.250	5.36	5.38	5.39	5.41	5.42	5.43	5.45	5.46	5.48	5.49	5.51
0.260	5.51	5.52	5.54	5.55	5.57	5.58	5.59	5.61	5.62	5.64	5.65
0.270	5.65	5.67	5.68	5.70	5.71	5.73	5.74	5.76	5.77	5.79	5.80
0.280	5.80	5.82	5.83	5.85	5.86	5.88	5.89	5.91	5.93	5.94	5.96
0.290	5.96	5.97	5.99	6.00	6.02	6.03	6.05	6.07	6.08	6.10	6.11
0.300	6.11	6.13	6.14	6.16	6.18	6.19	6.21	6.22	6.24	6.26	6.27
0.310	6.27	6.29	6.30	6.32	6.34	6.35	6.37	6.39	6.40	6.42	6.44
0.320	6.44	6.45	6.47	6.49	6.50	6.52	6.54	6.55	6.57	6.59	6.61
0.330	6.61	6.62	6.64	6.66	6.67	6.69	6.71	6.73	6.74	6.76	6.78
0.340	6.78	6.80	6.81	6.83	6.85	6.87	6.88	6.90	6.92	6.94	6.96
0.350	6.96	6.97	6.99	7.01	7.03	7.05	7.07	7.09	7.10	7.12	7.14
0.360	7.14	7.16	7.18	7.20	7.22	7.24	7.25	7.27	7.29	7.31	7.33
0.370	7.33	7.35	7.37	7.39	7.41	7.43	7.45	7.47	7.49	7.51	7.53
0.380	7.53	7.55	7.57	7.59	7.61	7.63	7.65	7.67	7.69	7.71	7.73
0.390	7.73	7.75	7.77	7.79	7.82	7.84	7.86	7.88	7.90	7.92	7.94
0.400	7.94	7.97	7.99	8.01	8.03	8.05	8.07	8.10	8.12	8.14	8.16
0.410	8.16	8.19	8.21	8.23	8.25	8.28	8.30	8.32	8.35	8.37	8.39
0.420	8.39	8.42	8.44	8.46	8.49	8.51	8.53	8.56	8.58	8.61	8.63
0.430	8.63	8.65	8.68	8.70	8.73	8.75	8.78	8.80	8.83	8.85	8.88
0.440	8.88	8.90	8.93	8.95	8.98	9.01	9.03	9.06	9.08	9.11	9.14

（续表）

a/W	0.000	0.001	0.002	0.003	0.004	0.005	0.006	0.007	0.008	0.009	0.010
0.450	9.14	9.16	9.19	9.22	9.24	9.27	9.30	9.32	9.35	9.38	9.41
0.460	9.41	9.43	9.46	9.49	9.52	9.55	9.57	9.60	9.63	9.66	9.69
0.470	9.69	9.72	9.75	9.78	9.81	9.84	9.86	9.89	9.92	9.95	9.98
0.480	9.98	10.02	10.05	10.08	10.11	10.14	10.17	10.20	10.23	10.26	10.30
0.490	10.30	10.33	10.36	10.39	10.42	10.46	10.49	10.52	10.55	10.59	10.62
0.500	10.62	10.65	10.69	10.72	10.76	10.79	10.82	10.86	10.89	10.93	10.96
0.510	10.96	11.00	11.03	11.07	11.10	11.14	11.18	11.21	11.25	11.29	11.32
0.520	11.32	11.36	11.40	11.43	11.47	11.51	11.55	11.59	11.62	11.66	11.70
0.530	11.70	11.74	11.78	11.82	11.86	11.90	11.94	11.98	12.02	12.06	12.10
0.540	12.10	12.14	12.19	12.23	12.27	12.31	12.35	12.40	12.44	12.48	12.53
0.550	12.53	12.57	12.61	12.66	12.70	12.75	12.79	12.84	12.88	12.93	12.97
0.560	12.97	13.02	13.06	13.11	13.16	13.21	13.25	13.30	13.35	13.40	13.45
0.570	13.45	13.49	13.54	13.59	13.64	13.69	13.74	13.79	13.85	13.90	13.95
0.580	13.95	14.00	14.05	14.10	14.16	14.21	14.26	14.32	14.37	14.43	14.48
0.590	14.48	14.54	14.59	14.65	14.70	14.76	14.82	14.88	14.93	14.99	15.05
0.600	15.05	15.11	15.17	15.23	15.29	15.35	15.41	15.47	15.53	15.59	15.65
0.610	15.65	15.72	15.78	15.84	15.91	15.97	16.04	16.10	16.17	16.23	16.30
0.620	16.30	16.37	16.44	16.50	16.57	16.64	16.71	16.78	16.85	16.92	16.99
0.630	16.99	17.06	17.14	17.21	17.28	17.36	17.43	17.50	17.58	17.66	17.73
0.640	17.73	17.81	17.89	17.96	18.04	18.12	18.20	18.28	18.36	18.44	18.53
0.650	18.53	18.61	18.69	18.78	18.86	18.95	19.03	19.12	19.20	19.29	19.38
0.660	19.38	19.47	19.56	19.65	19.74	19.83	19.92	20.02	20.11	20.21	20.30
0.670	20.30	20.40	20.49	20.59	20.69	20.79	20.89	20.99	21.09	21.19	21.30
0.680	21.30	21.40	21.51	21.61	21.72	21.82	21.93	22.04	22.15	22.26	22.37
0.690	22.37	22.49	22.60	22.72	22.83	22.95	23.06	23.18	23.30	23.42	23.54
0.700	23.54	23.67	23.79	23.92	24.04	24.17	24.30	24.42	24.56	24.69	24.82
0.710	24.82	24.95	25.09	25.22	25.36	25.50	25.64	25.78	25.92	26.02	26.21
0.720	26.21	26.35	26.50	26.65	26.80	26.95	27.11	27.26	27.42	27.57	27.73
0.730	27.73	28.01	28.22	28.38	28.55	28.72	28.89	29.06	29.23	29.41	29.58
0.740	29.58	29.76	29.94	30.12	30.31	30.49	30.68	30.78	30.87	31.06	31.25

第三部分
金属物理性能实验

实验一　用双臂电桥研究含碳量及
热处理对钢的电阻的影响

【实验目的】

(1)掌握双臂电桥的工作原理及使用方法。

(2)利用双臂电桥测碳钢淬火后回火电阻率的变化。

【实验说明】

1. 金属及合金的导电性

金属及合金的导电性能一般以电阻率 ρ 来衡量,而不用电阻 R,这是因为导体的电阻决定于导体的几何因素,即

$$\rho = R\frac{S}{L} \tag{1-1}$$

式中:L——导体的长度;

$\quad S$——导体的横截面积。

L 及 S 均为几何因素,而电阻率 ρ 则与导体的几何因素无关。

电阻具有组织、结构敏感的性质,而且与外界的温度、应力状态等条件有关。因此金属及合金的电阻率 ρ 与其成分、组织及所处的温度有关。

研究结果表明,在铁中加入碳将使铁的 ρ 显著增高,而且增高多少决定于碳的存在形式。以固溶方式存在,影响显著,ρ 增加较多;以 Fe_3C 方式存在,影响较小,且片状的 Fe_3C 对 ρ 的影响大于球状的 Fe_3C。热处理能改变碳在钢中的分布及 Fe_3C 的形状,因而对一定成分的碳钢而言热处理能够改变其电阻率,反之通过电阻率的测定能研究热处理后钢组织的变化。淬火能增加碳在 $\alpha-Fe$ 中的溶解量,因而淬火能使碳钢的 ρ 大大提高。回火使马氏体中的含碳量减少并以 Fe_3C 形式析出,ρ 下降。图 1—1 表示在回火时电阻的变化。在 $100℃\sim300℃$ 之间即在马氏体($110℃$)

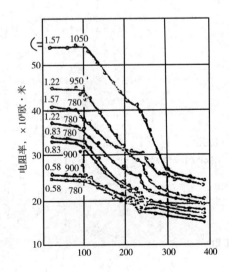

图 1-1　淬火钢回火对其电阻的影响

及奥氏体(230℃)最大分解速度下,电阻急剧降低。温度高于300℃,电阻率基本不变,因为这时固溶体分解基本结束。曲线中的各转折点100℃、230℃及300℃各代表了回火的不同阶段。

2. 双臂电桥的结构及工作原理

从电阻系数的关系式可知,要测量电阻系数或电阻温度系数,主要是测量试样的电阻R,试样的截面积S和试样的长度L可以用量具测定。根据标准规定,金属材料电阻的测定均采用电桥法。

双臂电桥用于测量$10^{-5} \sim 10^2\,\Omega$的电阻,精度可达$0.05\%$,其测量原理如图$1-2$所示。当接通电源后,电桥分别以三个路线通电,此时调节$R_{外}$、R_p、R_1、R_2,使检流计G指示数为零,即无电流通过检流计G,则电桥处于平衡状态。

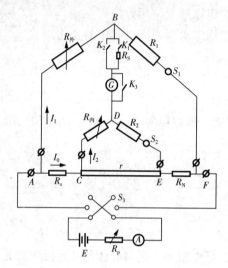

图$1-2$　测量电路示意图

按欧姆定律,有:

$$V_A - V_B = I_1 R_{外} \tag{1-2}$$

$$V_C - V_D = I_2 R_{外} \tag{1-3}$$

$$V_B - V_F = I_1 R_1 \tag{1-4}$$

$$V_D - V_E = I_2 R_2 \tag{1-5}$$

用式$(1-2)$除以式$(1-4)$得:

$$\frac{V_A - V_B}{V_B - V_F} = \frac{I_1 R_{外}}{I_1 R_1}$$

整理得:

$$\frac{V_A - V_B}{R_{外}} = \frac{V_B - V_F}{R_1} \tag{1-6}$$

同理用式(1-3)除以式(1-5)得：

$$\frac{V_C - V_D}{V_D - V_E} = \frac{I_2 R_内}{I_2 R_2},$$

整理得：

$$\frac{V_C - V_D}{R_内} = \frac{V_D - V_E}{R_2} \tag{1-7}$$

在实际测量时，可使 $R_1 = R_2$，$R_内 = R_外$，且 $V_B = V_D$。

注：$R_内$、$R_外$——转换开关测定臂电阻箱；R_1、R_2——转变开关比例电阻箱；R_S——检流计保护电阻；K_1、K_2、K_3——按钮开关；S_1、S_2——转换开关；S_3——外接转换开关；R_p——外接可变电阻；G——检流计（电流常数小于 5×10^{-9} A/mm，临界电阻约 300Ω）；r——跨线电阻（电阻小于 0.001Ω 的导线）；R_x——未知电阻；R_N——标准电阻 0.02 级（10，0.1，0.01，0.001Ω）。

用式(1-6)减去式(1-7)得：

$$\frac{V_A - V_B - V_C + V_D}{R} = \frac{V_B - V_F - V_D + V_E}{R_1} \quad (R = R_内 \ 或 \ R_外)$$

即

$$\frac{V_A - V_C}{R} = \frac{V_E - V_F}{R_1} \tag{1-8}$$

因为 $V_A - V_C = I_0 R_x$，$V_E - V_F = I_0 R_N$，于是式(1-8)可写为：

$$\frac{R_x}{R} = \frac{R_N}{R_1}$$

即

$$R_x = \frac{R}{R_1} R_N \quad 或 \quad R_x = \frac{R}{R_2} R_N \tag{1-9}$$

因为 R_1、R_2、R_N 是已知的，只要测出 R 值，然后代入式(1-9)，即可求出电阻 R_x 值。

双臂电桥采用合理的电流，电位四接头法，电位端固定了被测电阻的实际长度，在测量范围内不包括接触电阻，因此接触电阻对 R_x 没有影响。接线时注意跨线电阻 r 要尽量用短粗导线。

【实验材料及设备】

(1)材料：T8 钢试样；处理状态：780℃淬火，不同温度回火。

(2)主要设备：

① QJ19 单双臂电桥（或 QJ35 型）；

② 直流复射式检流计 AC15/4 型；

③ BZ₃ 标准电阻 0.01Ω 或 0.001Ω；

④ 电流表 A；

⑤ 旋转式电阻箱；

⑥ 直流电源（稳定电源及稳流器）；

⑦ 换向开关；

⑧ 游标卡尺、螺旋测微器等。

【实验内容与步骤】

（1）按图 1-3 接好测量线路。

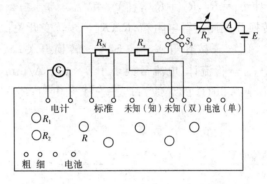

图 1-3　QJ19 型单双臂两用电桥接线图

（2）测量试样直径 d(cm)。

（3）根据估计的 R_x 值大小，按表 1-1 选择标准电阻 R_N 及比例臂电阻 R_1、R_2 的大小。

表 1-1　标准电阻选择表

R_x		R_N	$R_1 = R_2$
从	到		
10	100	10	100
1	10	1	100
0.1	1	0.1	100
0.01	0.1	0.01	100
0.001	0.01	0.001	100
0.0001	0.001	0.001	1000
0.00001	0.0001	0.001	1000

（4）接通直流电源，工作电压在 $2\sim6$V 调节 R_p，使工作电流小于标准电阻 R_N 的额定电流。

（5）调节测量臂电阻使电桥达到平衡，并记下电桥平衡时测量臂的阻值为 R^+。

（6）换向，改变电流方向，重新使电桥平衡测得 R^-，则

$$R = \frac{R^+ + R^-}{2}$$

（7）用游标卡尺仔细测量出电位端间距即为被测电阻的实际长度 L(mm)。

(8)换试样重复之。

(9)实验完毕,短路电流计,切断电源。

(10)整理数据填入表1-2,计算出R_x、ρ_x:

$$R=\frac{R}{R_1}R_N \quad 或 \quad R=\frac{R}{R_2}R_N$$

$$\rho_x=\frac{R_x \cdot S}{L}$$

表1-2　电阻率测量实验数据记录

编号	回火温度 (℃)	直径 (mm)	长度 (mm)	R_N (Ω)	$R_1=R_2$ (Ω)	R (Ω)	R_x (Ω)	ρ_x
1-1	80							
1-2	110							
1-3	130							
1-4	150							
1-5	180							
1-6	210							
1-7	230							
1-8	250							
1-9	280							
1-10	350							
1-11	400							
1-12	500							

【实验报告要求】

(1)简述双臂电桥工作原理,为什么能测低电阻?

(2)绘出回火温度 T℃－ρ(电阻率)曲线。

(3)分析结果,并讨论之。

实验二　悬丝耦合共振法测定
金属材料的杨氏模量

【实验目的】

(1)了解悬丝耦合共振法测量弹性模量的基本原理。

(2)掌握用悬丝耦合共振法测量金属材料弹性模量。

【实验说明】

1. 弹性模量的意义

弹性模量表示了材料弹性变形的难易程度,是金属材料的一项重要性能指标,因此是机械产品设计和生产工艺制定时的重要参数之一。弹性模量的物理本质表征着材料内部原子间的结合力,它与金属元素的价电子数及原子半径大小有关。在同族元素中,原子序数增加,原子半径增大,弹性模量减小。可以认为,弹性模量 E 和原子间距 a 之间近似在如下关系式:

$$E = \frac{k}{a^m} \qquad (2-1)$$

式中 k,m 均为常数。

对钢而言,由 a 相转变为 r 相时,其弹性模量将升高,不同热处理可将 E 改变达 30%,加工硬化可导致 E 下降 4%～6%。而对弹性模量影响最显著的因素是钢的化学成分。据资料可知,钢的含碳量每增加 0.1% 时,弹性模量则可减小 0.3%。

2. 弹性模量的测定方法

测量弹性模量的方法可分为静态测量法和动态测量法。

(1)静态测量法

静态测量法是通常用万能试验机在被测材料的弹性范围内拉伸,测出其应力—应变,然后根据虎克定律,求得 E。

$$E = \frac{\sigma}{\varepsilon} = \frac{p/F_0}{\Delta L/L_0} = \frac{\Delta p \cdot L_0}{F_0 \cdot \delta} \qquad (2-2)$$

式中: F_0、L_0——试样的原始截面和标距长度;

　　　 p——负荷;

　　　 ΔL——在负荷 p 作用下试样的绝对伸长量;

Δp——等级负荷；

δ——在 Δp 作用下的绝对伸长量。

因此静态测量法测 E 的实际中常用等级加荷法。

(2)动态测量法

悬丝耦合共振法属动态法,它是通过一定形状尺寸的试样在自由状态下进行激发,使其振动,在共振条件下,根据测得的固有振动频率来计算 E 的。

根据材料力学的计算,一根截面均匀的试样,在两端自由的条件下作横向弯曲振动时,其杨氏模量 E 与试样的固有频率、试样尺寸、试样的质量有如下关系。

圆棒:

$$E=1.638\times10^{-7}K\,\frac{mL^3}{d^4}f^2\,(\mathrm{kgf/mm^2}) \tag{2-3}$$

或

$$E=1.606K\,\frac{mL^3}{d^4}f^2\,(\mathrm{Pa}) \tag{2-4}$$

矩形棒:

$$E=0.965\times10^{-7}K\,\frac{mL^3}{bh^3}f^2\,(\mathrm{kgf/mm^2}) \tag{2-5}$$

或

$$E=0.946K\,\frac{mL^3}{bh^3}f^2\,(\mathrm{Pa}) \tag{2-6}$$

式中:m——试样的质量(kg);

L——试样的长度(cm);

d——试样的直径(cm);

f——试样固有频率(Hz)。

从计算公式看,测量 E 值的关键在于准确地测出试样的固有频率 f。动态法从这一基点出发,通过激发试样振动,找到激发振动与试样固有振动的共振频率,从而找到试样的固有频率,达到测定 E 值的目的。

3. 悬丝耦合共振法

在此介绍《GB/T22315—2008 金属材料杨氏模量测量方法》中规定的一种悬丝耦合共振法,测定室温下试样横向振动时的 E 值。

图 2-1 是实验装置示意图。该装置工作原理是由讯号发行器产生讯号输给激发换能器,激发换能器产生振动驱使试样作横向振动,试样的振动再通过接收换能器、放大器输入示波器 x 轴,将讯号发生器的信号也输入示波器(y 轴),两者之和一般在示波器的屏幕上成一椭圆图像,调节讯号发生器,改变输出频率,使激发频率与试样固有频率相等时,便会生产共振,振幅值达到最大值时的频率即为被测试样的固有频率。

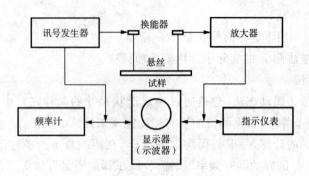

图 2-1 实验装置示意图

【实验材料及设备】

(1)材料:钢棒、铝棒、铜棒;尺寸为 $\phi5\times150$mm;悬丝(<0.2mm 的漆包线)导线若干;支架 1 对。

(2)主要设备:PB-2 十进频率仪、XD_7 讯号发生器、FD-1 型测量放大器、SB-10 示波器。

【实验内容与步骤】

(1)用游标卡尺测试样的长度 L 和直径 d,各测三个不同位置,取其平均值,并在天平上称出其质量 m。

(2)找出节点位置,吊扎位置在距试样端点 $0.224L$ 处,并做好标记,然后将试样悬挂在悬丝上,要求悬丝垂直、试样水平,悬丝长度以 150~200mm 为宜,悬丝材料要求柔软,悬挂试样后能张紧,建议采用棉线或丝线。

(3)检查仪器装置接线是否正确。

(4)接通各仪器电源,预热 5~10 分钟(注意通电前检查各仪器诸旋钮是否放在适当的位置)。

(5)调节放大器、示波器,使显示的图像范围适中。

(6)调节讯号发生器,改变频率,使其接近试样固有频率,同时观察示波器和指示仪器,当振幅值最大时,即可判断达到共振,用频率仪显示出共振频率,并记录。

【实验报告要求】

(1)简述悬挂共振法测量弹性模量实验原理和实验装置。

(2)整理实验数据,计算弹性模量 E。

实验三　用共振法测金属的内耗

【实验目的】

(1)了解共振法测内耗的基本原理。

(2)用悬挂共振法测量金属的内耗,研究热处理对材料阻尼性能的影响。

【实验说明】

自由振动固体,甚至在外界完全隔离的条件下,它的机械能也会转变为热能,从而使振动逐渐停止,这种由于内部原因而使机械能消耗的现象称为内耗。内耗是由于材料的非弹性性能所造成的。

对于内耗的研究有两种途径:一种是寻求适合工程应用的有特殊阻尼性能的材料,如飞机、船舶和桥梁用的金属材料要求具有高阻尼本领,而钟表、仪表的材料要求低阻尼本领。在这类研究中,主要是研究合金元素和热处理工艺对材料阻尼性能的影响,试验研究所采用的振幅与实际使用情况大致相同。另一种是把内耗作为一种工具,用于研究材料内部的结构,特别是各种缺陷结构及其相互间的作用。如用内耗法确定固溶体的浓度,测定原子扩散系数和激活能等。

内耗定义:

$$Q^{-1} = \frac{1}{2\pi}\frac{\Delta W}{W} \tag{3-1}$$

式中,阻尼能力率 $P = \Delta W/W$,其中 ΔW 是振动一周耗散的能量,W 是振动初始时存储的能量。阻尼能力率 $\Delta W/W$ 是内耗的基本度量。

振动法测量 Q^{-1} 分自由振动衰减法和强迫振动法。

自由振动衰减法原理:当振动激发到一定振动幅后,即停止激发,让其自由振动,由于振动能的消耗,振幅逐渐减小,通常采用对数衰减量 δ 来量度内耗的大小,δ 表示相继两次振动中振幅比的自然对数,即

$$\delta = \ln\frac{A_n}{A_{n+1}} \tag{3-2}$$

式中:A_n 表示第 n 次振动的振幅;A_{n+1} 表示第 $n+1$ 次振动的振幅。振幅对数衰减率表征自由振动体由于内部摩擦或内耗所致振动能量的耗损,是物体内耗的直接表征。振幅对数衰减率 δ 与内耗 Q^{-1} 的关系是

$$Q^{-1} = \frac{\delta}{\pi} = \frac{1}{\pi} \ln \frac{A_n}{A_{n+1}} \tag{3-3}$$

强迫振动法原理：当试样做强迫振动时，若外加频率和试样自振频率相等，则发生共振，试样的振幅达到极大值；若外加频率增大或减小而偏离共振频率，则振幅就减小。在外力保持恒定的条件下，有

$$Q^{-1} = \frac{1}{\sqrt{3}} \frac{f_1 - f_2}{f_0} \tag{3-4}$$

式中：f_0 为共振频率，$\Delta f = f_1 - f_2$，其中 f_1、f_2 是共振峰两侧 1/2 最大振幅处的频率。

图 3-1 是共振曲线示意图。对于内耗较小的试样，用共振曲线法测量不准确；若用振幅衰减曲线计算内耗，则准确且速度快。测试时，激发试样振动处于共振状态，在外力的振幅保持恒定的条件下，在瞬间切除振源，试样的振动将自由衰减至最小值，如图 3-2 所示。根据自由振动衰减曲线，求得振幅对数衰减率 δ 便可得到内耗 Q^{-1}。

本实验采用强迫共振法测量共振曲线和自由振动衰减曲线求金属材料的内耗。

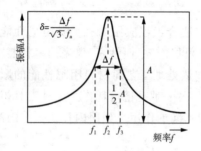
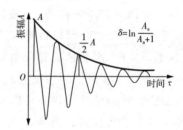

图 3-1　共振曲线　　　　　图 3-2　自由振动衰减曲线

【实验材料及设备】

(1)材料：铝、铜、铸铁；尺寸：$\phi 5 \times 150$mm。

(2)主要设备：PB-2 十进频率仪、XD_7 讯号发生器、FD-1 型测量放大器、SB-10 示波器、GB-9 电子管毫伏表、SC16 光线示波器。

【实验内容与步骤】

(1)按要求悬挂试样，要求悬丝垂直，试样水平，悬丝长度以 150～200mm 为宜，悬丝材料要求柔软，悬挂试样后能张紧，建议采用棉线或丝线。

(2)按上一个实验中的图 2-1 所示接好测量路线。接通电源，检查各仪器设备使之处于正常工作状态。调节讯号发生器的输出频率，使其接近试样的固有频率，并保持外力振幅恒定。同时观察示波器和指示仪表上的讯号，当振幅值最大时，即可判断试样产生共振，用频率计测出频率即为试样的固有频率 f_0。微调讯号发生器的输出频率使之偏离共振频率，测出共振峰两侧 1/2 最大振幅处的频率 f_1、f_2。要反复测量多次，取其平

均值。

（3）在保持外力振幅恒定的条件下，逐渐调节讯号发生器的输出频率，同时用毫伏计记录不同频率下相应的振幅值，以此绘出共振曲线。

（4）试样共振时，瞬间切除振源，用光线示波器记录自由振动衰减曲线。

【实验报告要求】

（1）简述内耗的意义及表征。

（2）简述共振法测量金属内耗的试验原理。

（3）整理实验数据，得出 Q^{-1}，讨论分析实验结果。

第四部分
电子显微分析实验

实验一　立方晶系粉末相线条的指数标定和点阵类型与点阵参数的确定

【实验目的】

(1)掌握立方晶系粉末相线条指数的标定。

(2)掌握点阵类型的确定与点阵参数的计算方法。

【实验说明】

应用 X 射线分析法研究金属和合金时,其第一步是将底片进行初步的处理,而第二步则为标定各衍射线条的干涉指数(HKL),确定点阵类型和点阵参数等。

用立方晶系物质的面间距公式 $a=d \cdot \sqrt{h^2+k^2+l^2}$,代入布拉格方程 $2d\sin\theta=\lambda$ 可得:

$$\sin^2\theta=\frac{\lambda^2}{4a^2}(H^2+K^2+L^2)$$

在同一衍射花样中,各衍射线条的 $\sin^2\theta$ 顺序比为:

$$\sin^2\theta_1 : \sin^2\theta_2 : \sin^2\theta_3 : \cdots\cdots = m_1 : m_2 : m_3 : \cdots\cdots$$

根据衍射花样系统消光规律可知,立方晶系中各种晶体结构类型衍射线条出现的顺序应如表 1-1 所示。

表 1-1　衍射线的干涉指数

线条顺序号	简单立方			体心立方			面心立方			金刚石立方		
	HKL	m	$\frac{m_i}{m_1}$	HKL	m	$\frac{m_i}{m_1}$	HKL	m	$\frac{m_i}{m_1}$	HKL	m	$\frac{m_i}{m_1}$
1	100	1	1	110	2	1	111	3	1	111	3	1
2	110	2	2	200	4	2	200	4	1.33	220	8	2.66
3	111	3	3	211	6	3	220	8	2.66	311	11	3.67
4	200	4	4	220	8	4	311	11	3.67	400	16	5.33
5	210	5	5	310	10	5	222	12	4	331	19	6.33
6	211	6	6	222	12	6	400	16	5.33	422	24	8
7	220	8	8	321	14	7	331	19	6.33	333,511	27	9
8	300,221	9	9	400	16	8	420	20	6.67	440	32	10.67
9	310	10	10	411,330	18	9	422	24	8	531	35	11.67
10	311	11	11	420	20	10	333,511	27	9	620	40	13.33

从表 1－1 中可以看出，四种结构类型晶体的干涉指数平方和的顺序比是各不相同的。在进行指数化时，只要首先计算出各衍射线条的 $\sin^2\theta$ 顺序比，然后与表 1－1 中的 $\dfrac{m_i}{m_1}$ 顺序比相对照，便可确定其晶体结构类型和各衍射线条的干涉指数。

需要说明的是简单立方与体心立方衍射花样的判别问题。它们的 $\dfrac{m_i}{m_1}$ 顺序比似乎是相同的，但仔细分析是有差别的。可从两个方面来区别这两种花样：

（1）两种花样中，前六条衍射线的 $\dfrac{m_i}{m_1}$ 顺序比是相同的，而第七条的顺序比值是不同的。因为在简单立方中 $\dfrac{m_i}{m_1}$ 顺序比等于 m 的顺序值。由于任何三个整数的平方和都不可能等于 7、15、23 等数值。但是，在体心立方中 m 本身的数值为 $\dfrac{m_i}{m_1}$ 顺序比的 2 倍，因此可能出现 7、15、23 等数值。可见，如果 $\sin^2\theta$ 的顺序比中第七个数值为 8，即为简单立方；如果第七个数值为 7，即为体心立方。当然对少于七条线的衍射花样，这种办法就无能为力了。因此，为了使立方晶系衍射花样指数化方便起见，最好要选择适当的入射线波长使衍射花样超过七条。

（2）通过衍射线的相对强度来鉴别。对于衍射角相近的线条其相对强度的差别主要取决于多重因子 P。简单立方前两条衍射线的干涉指数为 100 和 110，而体心立方的前两条为 110 和 200。其中 100 的 200 和多重因子为 6，而 110 的多重因子为 12。因而，在简单立方花样中第二条衍射线的强度比第一条强，而对于体心正好相反。

如果所用的 K 系标识 X 射线未经滤波，则在衍射花样中，每一族反射面将产生 K_α 和 K_β 两条衍射线，它们的干涉指数是相同的，这给指数化造成困难。因此，需要在指数化之前首先识别出 K_α 和 K_β 线条，然后只对 K_α 进行指数化就可以了。

识别 K_α 和 K_β 的依据：

① 根据布拉格方程，$\sin\theta$ 与波长成正比，由于 K_β 的波长比 K_α 短，所以 θ_β 小于 θ_α，并且 K_α 和 K_β 线之间存在如下的固定关系：

$$\frac{\sin\theta_\alpha}{\sin\theta_\beta}=\frac{\lambda_\alpha}{\lambda_\beta}=常数$$

② 入射线中 K_α 的强度比 K_β 大 3～5 倍，因而衍射花样中的 K_α 线的强度也要比 K_β 大得多，这一点也是鉴别 K_α 和 K_β 的依据。

对一个未知结构的衍射花样指数化后，便可确定其晶体结构类型，并可以利用立方晶系的布拉格方程计算出点阵常数：

$$a=\frac{\lambda}{2\sin\theta}\sqrt{H^2+K^2+L^2}$$

从上式可知，对每条衍射线都可以计算出一个 a 值。原则上，这些数值应该相同，但由于实验误差的存在，这些数值之间是稍有差别的。一般情况下，可取 $\theta>70°$ 的衍射线计算结果的平均值。

【实验内容与步骤】

(1)高角衍射区和低角衍射区区分:可根据吸收及其他效应来判断,由于吸收效应,出口处的低角衍射线条常常比较狭窄,而入口处的高角线条较宽。当靠近80°左右,在无应力和粒度不是过细的条件下,这些线条将分离成 K_{a1} 和 K_{a2} 双重线。此外,高角区背底较重。

(2)线条编号:将全部线条从最低角端开始按顺序编号。在编号时,即或是最弱线条也不能遗漏。

(3)有效周长的校正(如图 1-1 所示):相机生产厂家给出的相机直径为 57.3mm 和 114.6mm,但由于底片在安装时与内壁有一定间隙,另外底片曝光后,经过了一系列处理,必然有一个伸缩过程。这意味着破坏了实际衍射圆锥张角的几何关系。

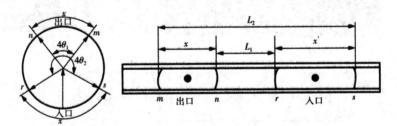

图 1-1　底片有效周长校正及线对直径的测量

采用不对称装片法,可直接测算底片的有效曲率半径,从而达到消除相机半径误差和底片伸缩误差影响的目的。

在德拜相前后反射区各取一对衍射圆弧,其有效周长 $T = L_1 + L_2$。

① 弧对间距的测量:依次测量出前后反射区衍射弧对的直径并记录在表 1-中。

② 衍射角 θ 的计算:

对于前反射区, $\theta = \dfrac{90°}{T} \cdot x$;

对于后反射区, $\theta' = 90° - \dfrac{90°}{T} \cdot x'$。

③ 计算 $\sin^2\theta$ 的顺序比,根据消光规律确定晶格类型。

④ 计算晶格常数 a。

【实验报告要求】

(1)简述确定点阵类型与标定干涉指数的方法。

(2)对图 1-2 衍射花样实例进行标定,并列出详细的计算过程。

(3)将所计算结果与标准卡片进行比较,并对计算结果进行分析并作出结论。

表 1-2　立方晶系德拜相指数标定

编号	弧对直径(mm)		实验条件:Cu 靶,Ni 片滤波,相机直径 57.3mm			
	前反射区	后反射区	θ	$\sin\theta$	$\sin^2\theta_i/\sin^2\theta_1$	HKL

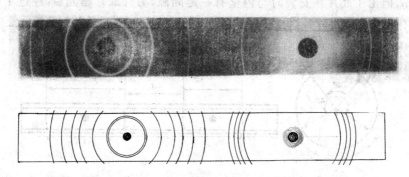

图 1-2　衍射花样实例

实验二　利用 X 射线衍射仪定性相分析

【实验目的】

(1)了解 ASTM 衍射卡片索引的用法。

(2)了解 ASTM 卡片的主要内容。

(3)掌握定性分析的技术和方法。

【实验说明】

X 射线物相分析是以 X 射线衍射效应为基础的。任何一种晶体物质,都具有特定的结构参数(包括晶体结构类型、晶胞大小、晶胞中的原子或离子或分子数目的多少以及它们所在的位置等),它在给定波长的 X 射线辐射下,呈现出该物质特有的多晶体衍射花样(衍射线条的位置和强度)。因此,多晶体衍射花样就成为晶体物质的特有标志。多相物质的衍射花样是各相衍射花样的机械叠加,彼此独立无关;各相的衍射花样表明了该相中各元素的化学结合状态。根据多晶体衍射花样与晶体物质这种独有的对应关系,便可将待测物质的衍射数据与各种已知物质的衍射数据进行对比,借以对物相作定性分析。

在利用衍射仪物相分析时,必须同时考察两个判据,即多晶体衍射线条的位置和其强度。因为在自然界中,确实存在着晶体结构类型和晶胞大小相同的物质,它们的衍射线条位置是相同的,但由于原子性质不同,其衍射强度却不相同。在这种情况下,如果把射线条的位置作为物相分析研究的唯一依据,就会得出错误的结论。

【实验内容与步骤】

1. 实验条件的选择和测量方法

决定一张 X 射线衍射图谱的好坏,主要取决于从这种图谱上需要获得的信息和分析的目的。一些重要的实验参数对衍射线的角分辨率、强度和角度测量的影响是互为矛盾而制约的。因此,很难得到一张强度、角分辨率、峰形和角度测量全都满意的衍射图。实验者必须了解本实验室所用仪器的结构及其性能,善于根据分析要求,布置实验程序,选择突出一点、照顾其他的折中的实验条件。如果事先对样品的状态、来源以及其他知识有所了解,则对于实验程序的安排是非常有益的。

(1)试样的制备

在 X 射线衍射仪分析中,粉末试样的制备及样品的安装对衍射影响很大,必须给予重视。应从如下几方面考虑:①晶粒(或粉末颗粒)大小;②试样厚度;③择优取向;④冷加工应力;⑤试样表面的平整程度。

（2）参数选择

一般对实验结果有较大影响的是狭缝宽度、扫描速度和时间等。

① 狭缝宽度：要求在所测的全部角度范围内入射 X 射线的光束应全部照射在试样表面上。因而要根据实验试样大小及所测的最小 θ 角来确定发散狭缝宽度的上限。一般增加发散狭缝宽度可增强入射光强度，虽然这对提高灵敏度、减少测量时间和强度的统计误差有利，但同时也会降低分辨率。接收狭缝对衍射线的分辨率影响最大，要想得到高分辨率，就必须用小的接收狭缝。增加接收狭缝宽度，可以增加衍射线的积分强度，但也同时增加了背底。

② 扫描速度：增大扫描速度可节约测试时间，但将导致强度和分辨率的下降，线形畸变，峰位向扫描方向移动。

2. 多晶衍射仪的工作方式

多晶体衍射仪工作方式有连续扫描和步进扫描两种。

① 连续扫描：在选定的实验参数下，使计数器与试样保持 2∶1 的关系连续转动，逐一地扫描测量各衍射线，并记录下来。扫描范围视要求而定。

② 步进扫描：计数器和测角器轴（试样）的转动是不连续的，它以一定的角度间隔脉动前进，在每个角度上停留一定的时间，用定标器或定时器计数和计算计数率。

3. 多晶衍射仪的结构

图 2-1 所示为 D8A 型 X 射线衍射仪，图 2-2 所示为测角仪形貌。

图 2-1　D8A 型 X 射线衍射仪

测角仪：配有步进马达加光学编码的精密测角仪，
角度重现性±0.0001°，是目前最高精度的测角仪；
θ-θ 连续扫描模式，角宽扫描范围：3°-140°，
Step：0.02°、Speed：0.1s/step。

图 2-2　测角仪形貌

4. JCPDS 粉末衍射卡片（PDF）

现将粉末衍射卡片的内容分别介绍如下。

1 栏：1a、1b、1c 三格分别列出粉末衍射谱上最强、次强、再次强三强线的面间距，1d 是试样内的最大面间距（均以埃为单位）。

2 栏：列出上述各线条的相对强度（I/I_1），以最强线的强度（I_1）为 100。

3 栏：本卡片数据的实验条件。Rad：所用的 X 射线特征谱；λ：波长；Filter：滤波片或单色器；cut off：所用设备能测到的最大面间距；I/I_1：测量相对强度的方法；Ref：本栏和 9 栏中数据所用的参考文献。

4 栏：物质的晶体结构参数。Sys：晶系；S. G.：空间群；a_0、b_0、c_0：点阵常数；$A=a_0/b_0$，$C=c_0/b_0$；α、β、γ：晶轴间夹角；Z：单位晶胞中化学式单位的数目，对单元素物质是单位晶胞的原子数，对化合物是指单位晶胞中的分子数；D_x：用 X 射线法测定的密度；V：单位晶胞的体积。

5 栏：物质的物理性质。

6 栏：其他有关说明，如试样来源、化学成分、测试温度、材料的热处理情况、卡片的代替情况等。

7 栏：试样的化学式及英文名称，化学式后面的数字表示单位晶胞中的原子数，数字后的英文字母表示布拉菲点阵。

8 栏：试样物质的通用名称或矿物学名称，有机物则为结构式。右上角的★表示本卡片的数据有高度的可靠性，O 表示可靠性低，C 表示衍射数据来自计算，i 表示强度是计算的。

9 栏：全部晶面间距（d）、晶面指数（实为干涉面，hkl）及衍射线的相对强度。本栏中的一些符号：b：漫散的衍射线；d：双线；n：不是所有资料上都有的衍射线；β：有 β 线重叠；t_r：痕迹线；＋：可能的附加指数。

10 栏：卡片编号，短线前为组号，后为组内编号，卡片均按此号分箱排列。

5. 卡片组索引(数字索引)

当被测物质的化学成分完全不知道时,可用这种索引。此索引用 Hanawalt 组合法编排衍射数据。它以三强线作为排列依据,按照排在第一位的最强线的 d 值分成若干大组,各大组内按第二强线的 d 值由大到小排列,每个物质的三强线后面列出其他 5 根较强线的 d 值,d 值下的角标是以最强线强度为 10 时的相对强度,最强线的脚标为 X。在 d 值数列后面给出物质的化学式及 PDF 的编号。为了减少由于强度测量值的差别造成的困难,一种物质可以多次在索引的不同部位上出现,即当三强线中之任何二线间的强度差小于 25% 时,均将它们的位置对调后再次列入索引。表 2 - 1 列举了无机物 Hanawalt 索引中的一个亚组。

表 2 - 1　Hanawalt 索引列举

2.84_x	2.22_8	1.55_7	1.73_7	1.59_5	1.55_5	3.06_4	1.42_4	$FeBr_3$	5—627
2.89_x	2.19_3	1.79_3	1.78_3	1.80_2	2.02_2	1.39_2	2.67_1	$CaMg(CO_3)_2$	11—78
2.88_x	2.16_7	3.25_x	1.96_4	1.73_6	1.66_6	4.87_2	2.43_2	$K_3(MnO_4)_2$	21—997
2.89_9	2.15_5	2.24_x	1.73_3	1.95_4	1.41_2	1.67_2	1.44_1	$Ba3(AsO_4)_2$	13—492
2.89_x	2.07_3	3.00_x	4.19_3	3.67_2	2.28_2	2.22_2	2.50_2	$KHSO_3$	1—864

6. 定性分析的过程

定性分析应从摄取待测试样的完整、清晰的衍射花样开始。晶面间距和相对强度 I/I_1 是定性分析的依据,应有足够的精确度。由于衍射仪图样线条的位置和强度都可以从图谱上直接读出,加上衍射仪灵敏、分辨率高、强度数据可靠、检测迅速、并可与计算机联机检索,因而物相鉴定是衍射仪的常规工作内容之一。

通过上述过程,可得到一系列的 d 值及对应的 I/I_1。

① 在此 d 值中,按照相对强度(I/I_1)的大小,对晶面间距 d 进行排序,找出强度最大的三根线,即 d_1、d_2、d_3,然后在哈那瓦特索引手册中找到相应的 d_1(最强线的面间距)所在的大组。

② 在这一大组中,找出与此三条线 d_1、d_2、d_3 和相对强度都对应的条目。

③ 在满足②的条件下,再对照八条强线的数据,从中找出可能的物相及其卡片号。

④ 按卡片号取出卡片,与实验得到的 d 值和 I/I_1 详细对照。若 d 值的误差没有超过规定的范围,强度又基本相当,则物相鉴定完成。

若在 d_1 所在的大组中无法完成②③两个步骤时,可选 d_2 或 d_3 所在的大组,并重复②③④检索步骤。若仍然无法完成检索,须重新选择三根强线的 d 值和 I/I_1,然后重复上述过程。

若试样中有复相,当找到第一相后,可将其线条列出,并将留下线条的强度重新归一化,再按以上步骤进行检索,直到所有衍射线条被检索为止。

7. 定性分析中的一些困难

(1)误差带来的困难。X 射线相分析的衍射数据是通过实验获得的,实验误差是造成检索困难的原因之一。这里包括待定物质衍射图的误差及卡片的误差。由于两者试样来源、制样方法、仪器性能及实验参数选择、入射 X 射线波长等原因,会造成晶面间距和相对强度在测定上产生误差,尤其是对线条强度的影响比起晶面间距更为严重。当待分析衍射数据与粉末衍射卡数据不完全一致时,物相鉴别的最根本、最可靠的依据是一系列晶面间距 d 的对应,而强度往往是次要的指标。

(2)多相混合物的衍射线条重叠产生的困难。在多相混合物衍射图样中,属不同相分某些衍射线条,可能因晶面间距相近而重叠。若待分析衍射图中三根最强线之一是由两个或两个以上相分的次强线叠加而成,则使分析工作更复杂。此时必须根据情况重新假定和检索。比较复杂的相分析,常需经多次反复假定和检索方可成功。

(3)混合物中某相含量过少造成的困难。若多相混合物中某个相含量过少,或该物相各晶面反射能力很弱,出现的线条很不完整,则一般不能确定该物相是否存在。只在某些特定场合下,可根据具体情况予以推断。

(4)其他困难。对于材料表面的化学处理层、氧化层、电镀层、溅射层等常因太薄而使其中某些相的线条未能在衍射图样中出现,或衍射线条不完整而造成分析困难。

利用 X 射线衍射进行物相定性分析仍有不少局限性,常需与化学分析、电子探针或金相等分析相配合,才能得出正确的结论。特别是在结构类型一样,点阵参数比较接近的情况下,若单靠 X 射线衍射来确定物相,往往可能得到错误的结论。

现在计算机自动化处理衍射数据及迅速检索粉末衍射卡片,给物相分析带来了极大的方便。

【实验报告要求】

(1)简要说明多相物质 X 射线衍射仪确定物相的基本原理。

(2)利用表 2-2、表 2-3 数字索引,对给定的两相物质的衍射图(图 2-3)进行分析,并标定相应的物相。

表 2-2　数字索引表(1)

$3.39 - 3.32\ (\pm .02)$

	d_1	d_2	d_3	d_4	d_5	d_6	d_7	d_8		File No.
o	3.37_7	$4.38x$	$2.87x$	4.77_1	4.08_1	2.75_1	2.61_1	2.19_1	$V_2O_5.H_2O$	21-1432
	3.34_8	$4.38x$	4.04_6	2.26_8	2.13_8	1.70_6	1.55_7	2.58_7	Li_2ZrO_3	23- 372
i	3.32_8	4.38_6	$6.93x$	4.22_6	3.48_6	4.87_4	2.32_4	3.20_5	$(Y,Ce)_4(CO_3)_3Si_4O_{10}.4H_2O$	26-1394
i	$3.32x$	4.38_5	2.20_6	$8\,75_5$	4.78_4	3.47_4	2.79_6	2.24_4	H_3OSbF_6	29- 671
	$3.39x$	4.37_5	3.50_5	2.97_5	2.79_4	2.24_4	2.18_4	3.23_5	$BaCuF_4$	22- 81
*	3.37_8	$4.37x$	$5.38x$	2.69_4	5.30_3	2.51_2	2.19_2	2.12_4	$Al_{18}B_4O_{33}$	29- 9
	$3.35x$	$4.37x$	$3.91x$	2.65_8	2.59_8	1.62_5	1.26_5	2.14_4	$CsGaF_4.2H_2O$	28- 297
	3.34_8	$4.36x$	4.02_4	2.12_8	2.57_7	2.50_7	2.25_4	4.49_4	Li_2HfO_3	23-1183
*	3.40_4	$4.35x$	3.19_4	4.28_4	2.76_4	2.82_4	2.28_4	3.69_5	$KH_5(PO_4)_2$	23-1337
*	3.33_7	4.35_7	$5.16x$	2.81_5	2.66_5	2.36_5	3.36_2	2.22_3	$HgNH_2Cl$	23- 410
o	3.30_7	$4.35x$	3.61_7	1.86_7	3.17_6	2.89_3	2.50_3	3.84_2	$Na_2Se_2O_5$	23- 702
	$3.40x$	4.34_2	1.84_2	2.17_1	2.01_1	1.57_1	2.30_1	2.31_1	SiO_2	11- 252
	3.39_6	$4.34x$	$3.72x$	2.97_8	4.30_6	2.67_5	5.63_7	2.08_4	$Ce_2O(CO_3)_2.H_2O$	28- 897
	$3.34x$	4.34_2	7.90_6	4.59_7	2.87_5	5.38_4	4.27_3	3.26_6	$NaUF_5$	12- 47
	3.34_4	4.34_2	$7.60x$	2.85_4	3.71_4	2.65_4	2.50_4	2.10_4	$(NH_4)_3Fe(SO_4)_3$	3- 43
	$3.41x$	$4.33x$	2.46_4	3.99_4	2.52_4	2.51_4	3.87_3	2.81_3	$(Zn,Mn)_3(PO_4)_2$	11- 645
	3.39_6	$4.33x$	$3.18x$	2.81_4	2.75_4	2.55_3	2.27_5	4.29_3	$KH_3(PO_4)_2$	20- 890
*	3.37_4	4.33_6	$3.27x$	2.87_4	2.88_3	2.41_4	2.16_4	3.09_3	$Tl_2Cr(SO_4)_3$	25- 941
	3.36_4	4.33_5	$5.72x$	3.11_4	3.69_3	3.26_3	2.83_5	1.95_5	KU_2F_9	17- 188
i	3.36_5	4.33_5	5.25_6	2.64_6	5.69_5	3.52_5	3.17_5	3.00_5	$KGa(NH_2)_4$	22-1221
o	$3.36x$	4.33_3	2.88_5	2.16_6	2.77_6	1.90_6	1.84_6	4.03_5	$K_2V_4S_2O_{22}$	21- 713
*	$3.38x$	4.32_6	$2.77x$	2.29_5	2.95_4	2.81_4	1.98_5	2.09_4	$CHNaO_2$	14- 812
	3.33_7	4.32_7	$3.25x$	4.25_6	4.55_3	2.86_3	2.79_5	1.74_5	$Na_7U_6F_{21}$	10- 172
i	3.38_6	$4.31x$	$2.64x$	2.50_6	2.22_6	1.51_6	2.42_6	1.97_4	$VO(OH)$	11- 152
	$3.30x$	4.31_7	$5.12x$	2.49_7	2.25_7	1.81_7	2.02_5	1.55_5	$NaMnIO_6$	14- 438
	$3.35x$	$4.30x$	3.70_6	2.98_6	2.31_6	2.08_6	5.97_5	5.21_6	$C_{13}H_{21}Al_3Cl_4O_{13}$	21- 4
*	$3.33x$	4.30_8	2.82_6	6.12_4	1.71_4	3.17_2	1.83_2	3.51_3	$(NH_4)_2Mn_2(SeO_4)_3$	17- 551
	$3.33x$	4.30_5	2.82_5	6.08_4	4.72_4	1.71_4	3.52_4	2.15_4	$(NH_4)_2Co_2(SO_4)_3$	22-1037
	3.32_8	4.30_5	$7.50x$	4.19_4	2.81_4	2.74_4	1.68_4	2.26_4	$(NH_4)_2Al(SO_4)_3$	3- 45
*	$3.31x$	4.30_4	4.53_4	2.03_4	2.85_4	2.00_4	7.74_3	3.24_4	$Na_7Ce_6F_{31}$	25- 817
*	$3.34x$	4.30_3	2.13_6	2.79_3	2.33_3	2.01_3	1.79_2	1.52_2	Hg_2Br_2	8- 468
i	$3.40x$	4.29_4	4.09_4	6.63_3	4.82_4	3.31_4	2.67_4	2.33_4	ClF_2OBF_4	26- 235
*	$3.39x$	4.29_4	2.47_4	2.31_4	2.25_4	2.21_4	2.14_4	1.99_4	BPO_4	11- 237
*	$3.32x$	4.29_4	2.99_4	2.87_4	2.52_4	4.70_3	2.38_5	2.30_4	$Cs_2Al(NO_3)_5$	28- 274
*	$3.37x$	4.28_3	1.84_2	1.55_1	2.47_1	2.31_1	1.39_1	1.39_1	$AlPO_4$	10- 423
*	$3.34x$	4.28_3	4.27_3	3.38_3	3.38_3	2.77_3	2.33_2	2.79_2	$CsLiSeO_4$	29- 411
c	3.32_6	$4.28x$	3.23_7	8.56_5	2.37_5	2.91_4	4.94_2	1.87_2	$Cs_3V_3O_7$	29- 444
i	$3.41x$	4.27_7	$3.62x$	6.75_6	6.53_4	4.31_5	3.04_6	2.34_4	$(Li_2Sr_3)2OT$	15- 310
*	$3.34x$	4.27_4	3.19_4	2.70_4	7.28_4	4.91_4	1.82_4	3.13_4	$Ca(Al_2Si_2O_8).4H_2O$	20- 452
*	$3.30x$	4.27_4	3.71_7	3.45_7	3.92_5	3.34_5	3.27_5	2.96_4	$KFeSi_3O_8$	16- 153
i	3.30_7	4.27_5	$2.79x$	2.14_4	1.70_3	1.91_3	1.61_3	2.61_3	$Sb_2Ge_2O_7$	29- 128
	$3.38x$	$4.26x$	$4.16x$	$1.68x$	6.70_8	2.97_8	2.86_5	2.56_5	$Cs_2VCl_5.4H_2O$	20- 301
c	3.37_6	4.26_6	$2.64x$	2.08_4	2.38_4	1.80_2	1.42_2	1.59_2	$(BiLi)4T$	27- 422
	3.35_6	4.26_6	$5.42x$	2.14_6	6.03_3	3.03_7	2.70_6	2.24_5	$Zn(NH_3)_4Mo(O_2)_4$	23- 737
	$3.34x$	4.26_9	3.66_6	2.61_6	2.48_9	1.80_4	3.97_6	3.05_6	$3PbCO_3.2Pb(OH)_2.H_2O$	9- 356
i	$3.34x$	4.26_7	2.13_6	7.40_5	3.49_5	2.58_3	2.24_3	2.21_5	$Ca_3Ge(SO_4)_2(OH)_4.4H_2O$	19- 225
i	$3.34x$	4.26_6	2.13_6	7.40_6	2.57_6	2.03_6	3.49_4	2.24_4	$Ca_3Mn(SO_4)_3(OH)_4.3H_2O$	20- 226
	$3.34x$	4.26_6	1.82_5	1.54_6	2.46_1	2.28_1	1.38_1	2.13_1	$(SiO_2)9H$	5- 490
	$3.32x$	4.26_6	$8.47x$	3.21_3	2.90_3	7.12_3	3.10_5	2.84_5	$(NH_4)_2V_{12}O_{29}$	23- 30
	$3.30x$	4.26_4	4.27_7	3.66_7	2.89_6	2.30_6	2.63_5	2.32_5	$Sm_2O(CO_3)_2.H_2O$	28- 994
i	3.39_6	4.25_7	$2.81x$	3.97_7	3.12_7	2.59_7	1.72_7	6.51_3	$Na_{21}MgCl_3(SO_4)_{10}$	12- 196
*	3.35_6	4.25_7	$6.70x$	4.22_4	2.62_4	2.55_4	2.37_3	2.32_3	$MgSO_4.3H_2O$	24- 738
i	$3.31x$	$4.25x$	4.09_4	3.72_7	2.98_7	2.20_7	1.93_7	5.47_4	$ClPtOF_4$	26- 415
	3.30_5	$4.25x$	3.15_4	2.04_4	5.40_2	2.69_4	2.13_4	1.89_4	$Sb_2(SO_4)_3$	1- 392
	3.41_5	$4.24x$	$3.86x$	3.28_4	3.52_3	3.08_3	4.17_3	2.93_3	$P_5N_5Br_{10}$	19- 420
	$3.40x$	4.24_4	3.00_4	5.72_3	2.65_3	2.85_4	2.37_4	0.00_1	$KAuF_4$	27- 395
	3.37_4	4.24_4	2.32_2	2.12_2	2.45_1	1.84_1	1.83_1	1.54_1	$GaPO_4$	8- 497
i	$3.32x$	4.24_4	$3.63x$	4.12_6	3.85_4	3.28_4	3.02_4	2.94_4	$Rb_3Cr_4O_{13}$	26-1362
i	$3.31x$	$4.24x$	2.62_4	2.17_4	2.85_4	2.97_4	1.87_3	1.75_3	$Fe_2H_3(TeO_3)_4Cl$	20- 536
	3.37_5	4.23_4	$5.85x$	3.53_2	3.47_2	2.00_2	3.33_1	2.41_2	$UO_4.2NH_3.2HF$	27- 925
o	$3.36x$	4.23_6	1.64_6	2.72_4	2.44_3	2.22_5	1.93_5	3.14_4	$Mo_2O_5.nH_2O$	21- 574
i	3.31_8	4.23_6	$6.95x$	3.02_6	2.88_5	2.15_5	1.96_5	1.89_5	$Be_3AsO_4(OH)_3.5H_2O$	15- 378
i	3.37_6	$4.22x$	8.45_5	2.89_6	3.31_3	2.81_4	2.73_4	2.28_4	$Na_4BaB_2Ti_2Si_{10}O_{30}$	25- 784
	3.41_5	$4.21x$	$3.11x$	2.75_4	7.58_3	5.60_4	4.46_3	3.31_7	$Na_2SbF_5SO_4$	28-1038
	3.38_4	4.21_7	$4.68x$	9.39_7	2.54_4	3.79_5	2.37_5	2.37_5	$C_{13}H_{10}$	28-2011
i	3.41_5	4.20_7	$2.88x$	5.45_5	3.31_5	3.03_4	2.29_5	5.79_3	$C_3H_3LiO_2.2H_2O$	23-1171
i	$3.37x$	4.20_5	$3.46x$	2.48_6	7.87_4	6.93_4	4.37_4	3.28_4	$LiAlSi_2O_6.H_2O$	14- 168
	$3.39x$	4.19_5	3.67_4	2.81_2	2.53_2	2.17_4	1.89_4	1.94_4	$Li_4H_2Si_2O_7$	23-1185
	3.41_5	$4.18x$	2.41_4	2.09_4	1.58_2	1.87_4	2.95_4	1.39_4	$Zn(CN)_2$	6- 175
i	$3.35x$	4.18_5	2.95_5	5.59_5	2.61_5	2.31_5	0.00_4	0.00_4	$KAgF_4$	26-1464
	$3.39x$	$4.17x$	$4.04x$	3.29_6	6.10_6	2.61_6	1.63_6	5.79_4	$BeSeO_4.4H_2O$	14- 55
	$3.36x$	$4.16x$	$3.42x$	2.86_6	2.39_6	2.36_6	2.24_4	1.96_6	$(CrO_3)16Q$	9- 47
*	$3.31x$	4.16_6	4.04_6	3.84_6	3.49_6	3.44_6	2.35_6	2.13_6	Hg_3SbBr_2	19- 800
o	$3.36x$	4.15_6	2.70_6	2.02_6	1.73_6	3.90_4	2.98_4	2.84_4	$AgIO_2F_2$	19-1139
	3.36_6	$4.15x$	2.07_6	1.77_6	7.42_5	3.39_4	3.42_3	1.51_3	Na_2ZrF_{19}	19-1194
	3.35_6	4.15_6	4.59_4	9.30_6	4.24_6	2.59_6	5.10_4	4.78_5	$C_{13}H_{10}$	28-2010
i	$3.32x$	4.15_6	$3.60x$	4.13_6	4.04_6	3.78_6	3.76_6	3.39_6	$(Ru_4Al_{13})102N$	18- 56
	$3.31x$	4.15_6	5.96_4	4.01_4	2.21_4	1.81_2	2.00_3	2.97_2	$RbUF_6$	19-1104
	$3.39x$	$4.14x$	2.63_4	3.20_4	1.77_4	3.26_3	5.04_4	1.73_4	$K_2Tl_2F_{22}$	28- 813
i	$3.37x$	4.14_9	3.52_6	3.47_6	2.67_6	2.65_6	1.96_6	2.61_5	$Cs_2U_6O_{18}$	29- 435

表 2-3　数字索引表(2)

2.15 - 2.09 (±.01)

									File No.
*	2.13₄	2.58x	1.51₇	1.64₅	1.11₄	2.46₅	0.99₃	4.94₅	Co₃TeO₈	20- 367
i	2.12₆	2.58₅	2.00x	1.41x	1.28x	1.26x	1.19x	1.34₅	(FeMo₂B₂)10T	20- 525
i	2.11₄	2.58₅	3.65x	1.83₄	1.63₆	1.38₅	1.02₃	2.97₃	Cs₂ZnFe(CN)₆	24- 300
i	2.11x	2.58₇	1.90₇	1.21x	1.49₇	1.10₇	1.05₇	1.04₇	(Fe₂Zn₁₀)52B	2-1203
i	2.10x	2.58x	2.30x	1.38x	1.63₇	1.72₆	1.43₆	2.98₅	(NH₄)₂Cd(Fe(NO₂)₆)	2-1015
*	2.09₅	2.58₇	2.46₅	2.30₇	1.59₅	1.58₃	2.67₅	2.07₅	(GaNi₂Pu₂)10O	25- 349
i	2.16x	2.57₇	2.29₅	1.98₅	1.69₂	3.24₁	2.80x	5.61₁	(Co₂W₄C)112F	6- 611
i	2.14x	2.57₄	2.22x	1.41x	1.29x	1.27x	1.22x	1.38₄	(U₂Fe₃Si)12H	18- 663
*	2.13₇	2.57x	4.92₇	1.51₄	1.64₃	2.46₄	1.28₃	1.96₃	Mg₂PtO₄	22-1153
*	2.12₅	2.57₇	4.84x	2.46₈	1.94₄	1.63₄	1.51₄	1.49₄	Li₂SeO₄	29- 827
i	2.12₇	2.57₇	1.99x	1.35x	1.28x	1.25x	1.19₉	1.58₃	(Fe₁.₂₅W₁.₇₅B₂)10T	23- 306
i	2.11₇	2.57₇	2.30x	1.38₅	5.11₆	6.46₅	5.91₃	2.97₅	N₂H₈Na(Co(NO₂)₆)	16- 423
i	2.10₅	2.57₇	3.66x	1.81₅	1.63₄	1.37₄	1.22₃	1.10₂	(Ra)2B	27- 483
i	2.08₈	2.57₇	2.94₅	4.16₅	3.91₅	3.26₅	2.77₅	2.05₅	(Ge₂Th₀.₉)11.7Q	17- 884
i	2.08₇	2.57₇	2.49₇	1.18g	1.17g	1.51₅	1.34₄	1.89₄	(Zr,Si,Al)8Q	14- 624
i	2.16x	2.56₇	2.01₅	1.19x	1.22₅	1.48₄	1.58₅	2.35₂	(Cr₂GeC)8H	18- 384
*	2.14₄	2.56x	2.75₅	1.95₄	1.55₅	1.96₅	1.56₅	1.12₅	CaClF	24- 185
*	2.13x	2.56₇	2.19x	1.40x	1.28x	1.25x	1.22₅	1.17₅	(U₂Co₃Si)12H	18- 432
*	2.13₅	2.56x	1.51₄	1.64₅	4.92₅	2.46₄	4.32₅	3.01₅	LiZnSbO₄	25- 505
i	2.11₇	2.56x	3.21₇	1.51₆	9.68₅	2.45₅	1.49₅	2.37₄	Ca(MgFeAl)(AlSi)O(OH)	20- 321
*	2.10x	2.56₇	3.18x	3.46₅	2.73₅	3.69₅	2.94₅	2.18₇	(NH₃OH)₂BeF₄	24- 496
*	2.10x	2.56₅	2.49₅	2.14₅	1.63₅	1.53₅	1.35₅	1.30₅	(Cu₂Y)12P	22- 255
i	2.10₄	2.56₅	2.31x	0.78₅	1.38₅	0.96₅	1.43₅	1.13₂	(GaNb₃)8C	12- 87
i	2.09₆	2.56₅	2.65x	1.94₅	1.64₅	1.48₅	5.13₅	2.96₅	(Ge₂Ni₂Sr)10U	28- 434
i	2.09₅	2.56x	2.61₅	2.03₂	1.92₂	2.01₅	0.00₅	0.00₅	(Ga)4N	26- 666
i	2.08₈	2.56x	2.33₄	1.25₅	1.16₅	2.70₅	1.54₅	1.45₅	(ThTc₅)12H	18-1319
*	2.16x	2.55₅	3.30x	3.46₅	1.97₅	1.84₅	1.81₅	6.92₄	YI₃	15- 33
*	2.16x	2.55₇	2.74₅	2.51₅	2.20₅	4.33₅	1.51₅	1.38₅	(ErFe₃)12R	22- 270
i	2.16x	2.55₅	2.74₅	1.28₅	2.51₅	2.20₅	1.39₅	1.51₄	(Fe₃Ho)12R	21-1151
o	2.16₅	2.55x	2.27₅	1.34₅	3.52₅	2.42₃	2.20₃	4.80₂	NaB₁₆	16- 587
i	2.14x	2.55₅	2.43₅	2.27₅	2.17₅	1.34₅	1.29₅	2.07₅	(FeW₃C)30H	23-1128
i	2.14₅	2.55x	2.08₅	1.23x	1.32x	1.17₅	1.30₅	1.23₅	(HfPt)8Q	19- 537
i	2.12₇	2.55₅	2.65x	2.28₅	2.26₅	2.11₅	2.04₅	1.97₅	(NbAs₂)12N	17- 17
o	2.12x	2.55f	2.15x	2.19₅	2.32₅	2.31₅	2.27₅	2.08₅	Ge₃Mn₅	28- 433
i	2.12₅	2.55x	1.98x	1.27x	1.24₅	3.15₅	1.34₅	1.19₅	(FeW₂B₂)10T	21- 437
*	2.12₆	2.55x	1.50₅	4.91₄	1.63₄	0.87₄	0.82₅	1.10₂	MgTi₂O₄	16- 215
*	2.11₉	2.55x	2.99₅	1.63₃	1.49₅	1.10₂	0.98₅	4.87₁	Co₂TiO₄	18- 428
i	2.11₅	2.55x	2.44₅	2.29₇	1.50₇	1.34₇	7.31₅	3.20₅	K₄MgO₄	27- 410
*	2.10₅	2.55₅	2.75x	1.70₄	1.32₄	3.69₂	1.86₂	1.47₂	KCN	27- 384
*	2.09₆	2.55₅	3.95x	2.08₇	1.60₇	3.47₇	2.71₇	4.53₅	Cs₂(IrCl₅(H₂O))	22- 555
i	2.09₅	2.55₆	2.63₇	1.65₅	1.79₅	2.66₅	1.88₅	3.05₅	(IrB₁.₂₅)19N	17- 371
*	2.09x	2.55₆	1.60₅	3.48₅	1.37₅	1.74₅	2.38₅	1.40₅	(Al₂O₃)10R	10- 173
i	2.08x	2.55₅	2.16₅	1.18x	1.17x	2.02₅	1.16₅	2.33₅	(Cr₂VC₂)20Q	19- 334
i	2.08₅	2.55₅	1.36₄	1.00₇	2.29₅	1.09₅	1.81₅	1.62₅	K₂CoFe(NO₂)₆	2-1428
i	2.16x	2.54x	2.33x	2.12x	1.42₅	1.54₅	1.38₅	1.32₅	(Cr₂Hf)12H	15- 92
c	2.16x	2.54₅	1.38₅	4.14₂	1.46₂	1.27₂	2.07₅	0.93₅	(Co₂Ho)24F	29- 481
*	2.14x	2.54₅	2.35₄	1.36₇	2.16₅	0.85₅	1.86₅	0.88₅	(TiB)8O	5- 700
*	2.11x	2.54₇	1.49₅	4.87₄	0.86₄	1.62₄	0.94₅	1.22₅	AlVO₃	25- 27
i	2.10x	2.54₅	1.36₇	1.16₅	1.08₅	1.09₇	1.07₅	2.07₅	(RbZn₁₃)104F	27- 566
i	2.16₅	2.53x	3.90₄	1.58₅	1.89₅	1.28₅	1.31₅	1.03₅	LiInO₂	12- 58
c	2.16x	2.53₅	1.38₅	4.13₂	2.07₅	1.46₂	1.27₅	0.93₁	(CeCo₂)24F	27- 97
c	2.16₅	2.53₅	4.12₅	1.38₂	2.06₂	1.46₂	1.26₅	0.93₅	(Co₂Er)24F	27- 132
i	2.15x	2.53₅	2.31x	1.41₇	1.31₇	1.27₅	2.11₅	1.37₅	(CoGaHf)12H	19- 342
i	2.13x	2.53₅	2.30x	2.50₅	2.09₅	1.55₅	1.32₅	2.35₂	(ZrFe₃.₃Al₁.₃)U	26- 27
i	2.11x	2.53₅	2.31x	1.87₅	1.67₅	1.53₅	1.50₅	1.33₄	PtCl₂	16- 64
i	2.11₅	2.53x	2.17₅	2.67₅	2.46₅	2.78₅	1.99₅	1.90₅	(Ag₂Te)24T	21-1091
*	2.10₈	2.53₅	4.85x	1.49₃	1.62₅	1.42₅	1.93₅	0.94₅	Li₀.₉Ti₂.₂O₄	26- 863
i	2.10₅	2.53₅	4.85x	1.48₃	1.61₅	1.42₅	1.92₅	1.21₅	LiTi₂O₄	26-1199
i	2.10x	2.53₅	1.49₅	1.48₅	2.42₅	2.36₄	2.84₅	2.57₅	Co₂Ge₂O₁₁	21- 259
*	2.09₅	2.53x	1.48₅	1.61₄	2.97₅	2.41₃	4.85₁	1.26₁	NiMn₂O₄	1-1110
o	2.16₄	2.52x	5.07₅	2.02₄	2.77₅	2.11₅	1.90₅	2.99₄	Mg₆(Fe,Mg,Ti)₄B₄O₂₀	25- 523
i	2.16₅	2.52x	2.19x	1.54₅	1.55₄	1.32₂	1.30₂	0.00₁	(Nb₄N₃)T	20- 803
i	2.15x	2.52₅	2.51₅	1.26₅	2.18₅	2.00₅	1.46₅	1.38₅	(Co₃Sm)12R	20- 340
c	2.15x	2.52₅	2.05₅	1.37₂	1.26₅	1.45₅	0.93₅	1.09₅	(CdCu₁.₅Ge₀.₅)24F	25-1215
i	2.14x	2.52₅	2.50₅	1.26₇	2.17₅	1.99₅	1.45₅	1.37₅	(Co₃Gd)12R	20- 327
i	2.10x	2.52₅	1.97₅	1.83₅	1.22₅	2.24₅	1.32₅	1.31₅	(V₅SiB₂)32U	12- 110
i	2.09₄	2.52₅	4.83x	1.48₅	1.61₂	1.41₅	1.92₅	1.21₅	Li₁.₃₃Ti₁.₆₆O₄	26-1198
c	2.09₅	2.52₅	2.76₅	2.06₂	1.95₅	1.71₅	1.65₅	1.50₅	(BaZn₁₃)112F	27- 234
i	2.08₅	2.52₅	2.05₅	1.35₅	1.15₅	1.07₅	6.15₅	1.29₅	(NaZn₁₃)112F	3-1008
i	2.16₇	2.51x	2.20₅	1.26x	1.41₅	1.30₅	1.45₇	1.37₇	(Ta₆(CuAl)₇)R	18- 16
i	2.15₅	2.51₅	2.33x	1.41x	1.32x	1.26₅	1.17x	2.10₅	(Nb(CuAl)₂)12H	18- 13
c	2.14x	2.51₅	4.10₅	1.37₅	1.45₂	1.26₂	0.93₅	2.05₅	(Co₂Lu)24F	27-1117
i	2.14₇	2.51x	2.73₅	1.38x	1.22x	1.15x	1.47₅	2.08₅	(InPtU)9H	21- 379
i	2.14x	2.51₅	2.50₅	1.25₅	2.15₅	1.98₅	1.44₅	1.36₅	(CeCo₃)12R	20- 263
c	2.14x	2.51₅	2.05₅	1.37₅	1.26₅	1.45₅	0.93₁	1.08₅	(CdCu₁.₅Ga₀.₅)24F	25-1214
i	2.14x	2.51₅	1.45₅	0.83₄	1.37₅	0.93₅	0.95₅	1.26₂	(NpFe₂)24F	26- 789
i	2.14₅	2.51₅	1.26₇	2.18₅	4.30₅	1.99₄	1.98₅	1.37₂	(CoNi₃)12R	27-1061
*	2.13x	2.51₅	2.79₅	2.17₅	2.63₅	1.36₅	2.02₅	1.26₅	(Co₇Gd₂)18R	27-1107
i	2.13x	2.51₅	1.84₅	1.25₅	1.20₅	1.20₅	1.19₅	2.04₅	(YCo₃)24H	18- 435
i	2.10₄	2.51x	2.73₅	1.21x	1.36₅	1.61₇	1.48₅	1.34₅	(AlPtTh)9H	21- 783

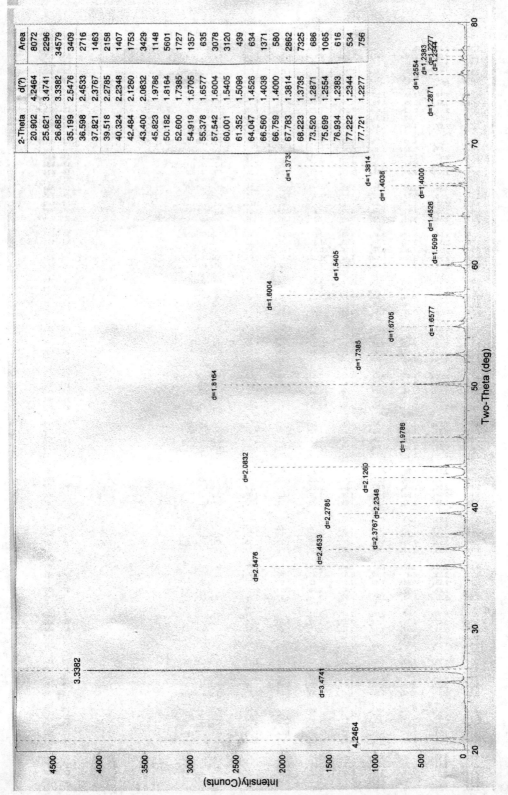

2-Theta	d(?)	Area
20.902	4.2464	8072
25.621	3.4741	2296
26.682	3.3382	34579
35.199	2.5476	3409
36.598	2.4533	2716
37.821	2.3767	1463
39.518	2.2785	2158
40.324	2.2348	1407
42.484	2.1260	1753
43.400	2.0832	3429
45.823	1.9786	1148
50.182	1.8164	5601
52.600	1.7385	1727
54.919	1.6705	1357
55.378	1.6577	635
57.542	1.6004	3078
60.001	1.5405	3120
61.352	1.5098	439
64.047	1.4526	634
66.560	1.4038	1371
66.759	1.4000	580
67.783	1.3814	2862
68.223	1.3735	7325
73.520	1.2871	686
75.699	1.2554	1065
76.934	1.2383	616
77.222	1.2344	534
77.721	1.2277	756

图2-3　两相物质衍射图

实验三　透射电镜样品的制备及典型组织观察

【实验目的】

(1)掌握金属薄膜制备的过程。

(2)学会分析钢的典型组织图像。

【实验说明】

1. 金属薄膜衍衬成像原理

复型的方法仅能复制样品表面形貌,不能揭示晶体内部组织结构。由于受复型材料粒子尺寸的限制,电镜的高分辨本领不能充分发挥。萃取复型虽能对萃取物作结构分析,但对基体组织仍然是表面形貌的复制。而金属薄膜样品具有以下的优点:

(1)可以最有效地发挥电镜的极限分辨能力。

(2)能观察和研究金属与合金的内部结构和晶体缺陷,并对同一微区进行电子衍射的研究,把相变与晶体缺陷联系起来。

(3)可进行动态观察,研究在变温情况下相变的生核长大过程以及位错等晶体缺陷在应力下的运动与交互作用。

衍衬像主要取决于入射束与试样内各晶面相对取向不同所导致的衍射强度差异。当电子束穿过金属薄膜时,严格满足布拉格条件的晶面产生强衍射束,不严格满足布拉格条件的晶面产生弱衍射束,不满足条件则不产生衍射束。电压一定时,入射束强度是一定的,假设为 I,衍射束强度为 I_D,忽略吸收,透射束强度为 $(I-I_D)$。这样,如果只让透射束通过物镜光阑成像,那就会由于试样各晶粒是否产生衍射,或衍射束的强弱导致透射束强度不一,而在荧光屏上形成衬度。在形成衬度过程中,起决定作用的是晶体对电子束的衍射。

图 3-1 为衍衬成像示意图。A、B 为两个取向不同的完整晶粒,其中 A 晶粒与入射束不满足布拉格条件,B 满足布拉格条件。强度为 I 的入射束穿过试样时,A 晶粒不产生衍射,透射束强度等于入射束强度,即 $I_A=I$;B 晶粒产生衍射,衍射束强度为 I_D,透射束强度为 $I_B=I-I_D$。如果只让透射束穿过物镜光阑成明场像(如图 3-1a 所示),显然 $I_B<I_A$,因而 B 晶粒所成像强度将比 A 晶粒的强度弱,所以在荧光屏上 B 晶粒比 A 晶粒要暗,这就是明场像。

如果把入射束倾斜一个适当角度,只让衍射束穿过光阑成像(如图 3-1b 所示),这时 B 晶粒的像强度等于其衍射束强度,而 A 晶粒没有衍射,接近于零。这就是暗场成像。显然,这时的像恰好与明场像相反。

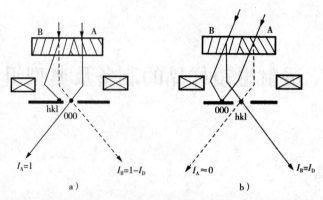

图 3-1　晶粒取向不同引起的衍射效应

a)明场像;b)暗场像

2. 薄膜样品的制备

用于透射电镜下观察的试样厚度要求在 $500\sim2000\text{Å}$ 之间,制备方法主要是电解双喷减薄和离子减薄两大类。电解双喷减薄主要用于导电性样品,而离子减薄主要用于非导电性样品,如陶瓷、矿物等。

(1)电解双喷减薄

1)装置

图 3-2 为电解双喷减薄原理示意图。

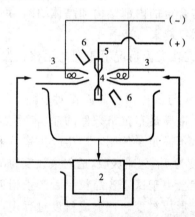

图 3-2　电解双喷减薄原理示意图

1—冷却装置;2—泵及电解液;3—喷嘴;4—试样;5—样品架;6—光导纤维

2)样品制备过程

① 线切割:采用线切割的方式,从需要观察的试样上切割 $0.3\sim0.5\text{mm}$ 厚的薄片;

② 将切割下来的薄片在金相砂纸上磨薄到 $0.05\sim0.08\text{mm}$;

③ 将磨薄后的试样用冲片器冲成直径为 3mm 的圆片;

④ 将冲下来的样品用砂纸进行修整;

⑤ 电解减薄:将无锈、无油、厚度均匀、表面光滑的直径为 3mm 的样品放入样品夹具中,调整夹具与喷嘴的位置,使它们处于同一水准线上,即可电解。最有利的电解抛光条件可通过在电解液温度和喷速恒定时,做出电流—电压曲线而确定。

⑥ 样品电解后应立即投入酒精中清洗4～5次。

(2)离子减薄

离子减薄可适用于所有样品,只要严格按操作规范减薄就可以得到薄而有效的观察区。该方法的缺点是减薄速度慢,通常制备一个样品需要十几个小时甚至更长,而且样品会有一定的温升;如操作不当样品会受到辐射损伤。

1)装置

图3-3为离子减薄原理示意图。

2)样品制备

① 切片:从大块试样上切下薄片。对金属、陶瓷切片厚度应不小于0.3mm。对岩石和矿物等硬、脆样品要用金刚石刀片或金刚石锯切下薄片。

② 研磨:试样清洗去除油污后,粘结在玻璃片上研磨直至样品厚度小于30～50μm。

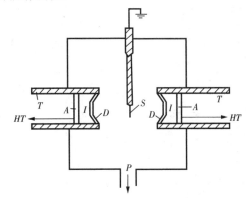

图3-3 离子减薄原理示意图

③ 将研磨后的样品切成直径为3mm的小圆片。

④ 装入离子减薄仪中进行减薄。

为提高减薄效率,一般初期采用高电压、大束流,以获得大陡坡的薄化,这个阶段约占整个制样时间的一半。最后以小角度、适宜电压与电流继续减薄,以获得宽阔的薄区。

3. 实验内容与步骤

分别对钢中典型的珠光体、马氏体进行衍射像观察,特别是对钢中析出物的观察。图3-4为管线钢中的碳化物的析出。

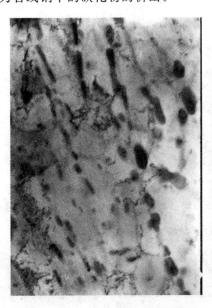

图3-4 管线钢中的碳化物析出

【实验报告要求】

(1)说明薄膜样品的制作过程。

(2)学会观察分析典型的钢铁组织,并说明这些组织的特点。

(3)理解图像衬度的来源。

实验四　电子衍射分析

【实验目的】

(1)掌握单晶与多晶电子衍射花样的特征。

(2)掌握测定透射电镜相机常数的方法。

(3)掌握单晶与多晶电子衍射花样的标定方法。

【实验说明】

1. 电子衍射的基本公式

图 4-1 是电子衍射示意图。其波长为 λ 的单色入射电子束与晶面间距为 d 的(hkl)晶面组交成精确的布拉格角 θ,于是透射束和衍射束将和离开样品的距离为 L 的照相底片分别相交于 O' 和 P'。O' 为衍射花样的中心斑点,P' 则是(hkl)的衍射斑点,O' 和 P' 之间的距离为 R,则电子衍射的基本公式为:$Rd=L\lambda$。

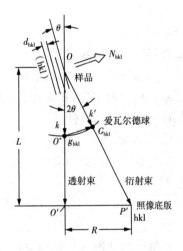

图 4-1　电子衍射示意图

由于入射电子束波长 λ 和样品至底片的距离 L 都是一定的,两者的乘积 $L\lambda$ 叫做电子衍射相机常数。它是一个重要的参数,对于一个衍射花样,如果已知相机常数,即可由花样上的 R 值计算晶面间距 d 值。而且我们知道 R 与 d 成反比的关系,这就是衍射花样指数化的基础。

为使相机常数保持恒定,选区衍射时必须遵循如下标准操作步骤:

(1)使选区光阑以下的透镜系统聚焦,在荧光屏上显示该光阑孔边缘的清晰图像,此时中间镜平面与选区光阑平面重合。

(2)物镜精确聚焦,样品的形貌清晰显示,此时物镜像平面与选区光阑平面重合,并移动样品让选区光阑孔套住选择分析的区域。

2. 相机常数的标定

(1)标定相机常数的样品

为了得到比较精确的相机常数,一般常用的方法是利用已知晶体的衍射花样指数化以后,测得的衍射环半径 R 与相应的晶面间距 d 的乘积就是相机常数。常用的样品是:

氯化铊(TlCl)——简单立方晶体,$a=3.842$Å;

金（Au）——面心立方晶体，$a=4.070\text{Å}$；

铝（Al）——面心立方晶体，$a=4.041\text{Å}$；

（2）标定方法

1）内标法

在真空镀膜机内将标准物质直接喷镀在试样上的方法叫内标法。在做衍射分析时，待测晶体与内标物质在相同的实验条件下产生衍射，即在同一张底片上有待测物质与标样两套花样。这种方法可以保证仪器条件的一致性，减少误差，为了便于区分内标物质与待测物质的花样，一般在分析单晶花样时，喷镀金、铝等多晶物质作为"内标"参照。在分析多晶花样时，则采用某些单晶颗粒作为"内标"参照。

在制作萃取复型上滴一滴 10％氯化钠水溶液，水分蒸发后氯化钠就沉积在试样上，这可以作为仪器常数的内标物质。氯化钠的衍射环敏锐而不影响电子衍射效果，而且制作方便。

2）外标法

利用已知晶体结构的晶体作标样，在标准电子衍射操作条件下进行衍射分析，计算出相机常数，然后再以同样的操作条件对被测晶体进行衍射，利用已标定的相机常数进行待测试样的衍射花样分析。

外标试样的制作方法如下：

① 金膜的制备。在真空镀膜机内将金直接喷镀在玻璃片上，然后用刀尖把金膜划成小于铜网尺寸的小片，斜插入水，靠水的张力把一片片小金膜漂浮在水面上，铜网捞起用滤纸吸水干燥后即可使用。

② 氯化钠试样的制备。将玻璃片上的载膜划成小方格在水中取下来，用铜网捞起，干燥后将氯化钠的饱和溶液滴在载膜上，干燥后载膜上就附着一层薄薄的氯化钠，即可用来测定相机常数。

图 4-2 为金的多晶衍射圆环，可利用此衍射圆环进行相机常数的标定。

外标法的缺点是分别测定待测晶体与标样，必须保证有相同的实验条件，即各透镜电流必须相同，不能重新聚焦，否则会引起误差。内标法较外标法更为可靠，能保证仪器条件完全一致，是进行衍射分析时常用的方法。

3. 单晶体电子衍射花样的标定

标定单晶体衍射花样的目的是确定零层倒易面上各 g_{hkl} 矢量端点的指数，定出零层倒易面的法线方向，即晶带轴，并确定待测晶体的点阵类型和物相。

（1）已知相机常数和已知样品的晶体结构时衍射花样的标定

图 4-2　金的多晶衍射圆环

　　① 测量靠近中心透射斑点的不在同一直线上的几个衍射斑点至中心斑点的距离 R_1、R_2、R_3、……；

　　② 根据衍射基本公式 $L\lambda = Rd$，计算出相应的晶面间距 d_1、d_2、d_3、……；

　　③ 因为晶体结构是已知的，每一 d 值相当于该晶体某一晶面族的面间距，故可根据 d 值定出相应的晶面族指数 $\{hkl\}$；

　　④ 测定各衍射斑点之间的夹角 ϕ；

　　⑤ 根据晶面的夹角关系，确定各衍射斑点的指数，并标定在衍射图上。

　　(2)相机常数未知、晶体结构已知时衍射花样的标定

　　测量靠近中心斑点但不在一条直线上的多个衍射斑点至中心透射斑的距离 R，并将所测得的 R_1、R_2、R_3、……平方。当 $R_1^2 : R_2^2 : R_3^2 : \cdots\cdots = 2 : 4 : 6 : 8$ 时为体心立方点阵；当 $R_1^2 : R_2^2 : R_3^2 : \cdots\cdots = 3 : 4 : 8 : 11 : 12$ 时，为面心立方点阵。即从 $R_1^2 : R_2^2 : R_3^2 : \cdots\cdots$ 的递增规律来验证晶体的点阵类型，这与德拜相的标定方法一致。

　　(3)晶体结构、相机常数已知时衍射花样的标定

　　① 测定低指数斑点的 R 值，应在几个不同的方位摄取电子衍射花样，保证能测出最前面的八个 R 值；

　　② 根据 R，计算出各个 d 值；

　　③ 查 PDF 卡片，则与各 d 值都相符的物相即为待测晶体。由于电子衍射本身不是严格满足布拉格方程，很可能会出现几张卡片上的 d 值和测定的 d 值相近，此时应根据待测晶体的其他资料，如化学成分等来加以排除。

【实验报告要求】

　　(1)叙述透射电镜相机常数所代表的意义及其测定方法。

　　(2)简述如何利用金膜进行相机常数的测定。

　　(3)简述多晶和单晶体电子衍射的标定过程，并对图 4-3 单晶电子衍射斑点进行标定。

图 4-3　单晶电子衍射斑点

实验五　扫描电镜结构、原理及微区成分分析

【实验目的】

(1)了解扫描电镜结构,图像成像原理和分析方法。

(2)明确扫描电镜的用途。

(3)结合实例分析,学会正确识别和分析能谱结果。

(4)了解能谱分析方法的适用性及局限性,学会正确选用微区成分分析。

【实验说明】

1. 扫描电镜结构和基本原理

扫描电镜是利用细聚焦的电子束,在样品表面逐点扫描,用探测器收集在电子束作用下样品中产生的各种电子信号,并把收集到的电子信号转换成像。

扫描电镜结构主要分为五个部分:电子光学系统,扫描系统,信号接收和成像系统,真空系统。

2. 扫描电镜电子图像和衬度

扫描电镜图像衬度的形成,主要是利用试样表面微区的形貌、原子序数或化学成分等特征的差异。在电子束作用下产生不同强度的物理信号,从而获得具有一定衬度的图像。

(1)二次电子像及衬度

二次电子像的分辨率表征着扫描电子显微镜的分辨率。表面形貌衬度是由试样表面的不平整性所引起的。因为二次电子信息主要来自于试样表面层 $5\sim10\text{nm}$ 深度范围,所以表面形貌特征对二次电子的发射率有很大的影响。

(2)背反射电子像及原子序数衬度

背反射电子是指从试样表面逸出的能量较高的电子,其能量在 50eV 到接近于入射电子的能量。背反射电子的发射系数随原子序数的增大而增加。由此可知,在试样表面平均原子序数较大的区域将产生较强的信号,因而在背反射电子像上显示出较亮的衬度。根据背反射电子像的亮暗程度,可判别出相应区域的原子序数的相对大小,因而可对金属及其合金的显微组织进行成分分析。

3. 能谱仪结构原理

能谱仪(EDS,Energy Dispersive Spectrometer)是用来对材料微区成分元素种类与含量分析,配合扫描电子显微镜与透射电子显微镜的使用。各种元素具有自己的 X 射线特征波长,特征波长的大小则取决于能级跃迁过程中释放出的特征能量 ΔE,能谱仪就是

利用不同元素 X 射线光子特征能量不同这一特点来进行成分分析的。当光子进入检测器后,在 Si(Li)晶体内激发出一定数目的电子空穴对。产生一个空穴对的最低平均能量 ε 是一定的(在低温下平均为 3.8eV),因此由一个 X 射线光子造成的空穴对的数目 $N = \Delta E/\varepsilon$。入射 X 射线光子的能量越高,N 就越大。利用加在晶体两端的偏压收集电子空穴对,经过前置放大器转换成电流脉冲,电流脉冲的高度取决于 N 的大小。电流脉冲经过主放大器转换成电压脉冲进入多道脉冲高度分析器,脉冲高度分析器按高度把脉冲分类进行计数,这样就可以描出一张 X 射线按能量大小分布的图谱。

【实验内容与步骤】

1. 样品准备

扫描电镜的优点之一是制样简单,金属样品或粉末样品可直接进行观察,对样品的尺寸要求不严。只要大小符合样品台的规定,表面导电和清洁,就可以进行观察。

对于不导电的样品,在观察前要在表面喷镀导电金属,喷镀的金属有 Au、Pt－Pd 等,也可喷镀一层碳膜。表面喷镀不宜太厚,一般掌握在 50～100Å 为好。厚度可通过喷镀颜色来进行判定。

2. 实验参数的选择

(1)加速电压的选择

加速电压高时,电子束直径变小,分辨率增加。低加速电压也有许多优点,它可消除下层结构引起的干扰,看到更多的表面细节,另外对于不导电的样品也可以直接在低加速电压下观察。

(2)束流选择

电子束束斑直径越小,分辨率提高。同时束流减小使二次电子信号减弱,噪音增大。过大的束流会使边缘效应增大,带来过强的反差,要想获得最佳的图像质量,要兼顾电子束直径和二次电子信号收集强度的要求。

(3)物镜光阑和工作距离的选择

光阑孔径越小,景深越大。在相同的孔径光阑条件下,增大工作距离也会使景深增加。

3. 二次电子像和背反射电子像的观察

以表面改性样品为例进行观察,分别对二次电子和背反射电子成像进行对比。学会正确选择成像信号,正确分析和鉴别能谱中的虚假峰。

能谱的虚假峰主要来源于以下几个方面:

① 重叠峰。由于能谱仪的分辨本领最优为 125eV,因而有些能量十分相近的谱峰在检测时无法正确识别而在一定的范围内出现叠加。

② 逃逸峰。是指当进入探测器的 X 射线光子能量高于探测器物质的吸收限能量时,因该物质对本身被激发的特征 X 射线呈现出高度的透明,而导致这部分能量的逃逸,结果在能谱上除了入射 X 射线的主峰外,还会在较低能量位置出现一个逃逸峰,两峰位间的能量差恰好等于探测器物质的特征 X 射线光子能量。

根据 Si(Li)探测器测得的一系列纯元素谱图,总结出识别逃逸峰的要点为:逃逸峰位置永远比主峰低 1.74keV（SiKα 的能量），逃逸峰高度约为主峰的 1/1000 到 2/100，通常仅在强度取对数坐标的谱图中明显可见，而且原子序数大于 30 的元素已基本不存在逃逸峰的影响。

　　③ 杂散峰。主要是来自于镜筒中的杂散信号，以及当测定样品上某一微区时，较重元素的 X 射线激发基体中较轻元素产生荧光，导致出现的假峰。

【实验报告要求】

(1)通过二次电子和背反射电子成像观察，对两种信号成像的异同点进行比较。

(2)简要说明二次电子成像的特点及过程。

(3)简要说明能谱仪的工作原理，以及正确选择工作参数。

实验六　电子背反射衍射(EBSD)及其应用

【实验目的】

(1)了解背反射电子衍射工作原理。

(2)初步了解晶粒取向分布及统计分析。

【实验说明】

1. 电子背衍射衍射仪工作原理

一般安装在扫描电镜或电子探针上。样品表面与水平成70°左右。当入射电子束进入样品后,会受到样品内原子的散射,其中有相当部分的电子因散射角大逃出样品表面,这部分电子称为背散射电子。背散射电子在离开样品的过程中与样品某晶面族满足布拉格衍射条件 $2d\sin\theta=\lambda$ 的那部分电子会发生衍射,形成两个顶点为散射点并与该晶面族垂直的两个圆锥面,两个圆锥面与接收屏交截后形成一条亮带,即菊池带。每条菊池带的中心线相当于发生布拉格衍射的晶面从样品上电子的散射点扩展后与接收屏的交截线,如图6-1所示。一幅电子背散射衍射图称为一张电子背散射衍射花样(EBSP)。一张 EBSP 往往包含多条菊池带。接收屏接收到的 EBSP 经 CCD 数码相机成像后传送到计算机进行标定与计算。一般 EBSP 来自于样品表面约几十纳米深度的一个薄层,更深处的电子尽管也可能产生布拉格衍射,但在进一步离开样品表面的过程中可能再次被原子散射而改变运动方向,最终成为背底。因而,电子背散射衍射是一种表面分析手段。另外样品倾斜70°左右是因为倾斜角越大,背散射电子越多,形成的 EBSP 花样越强。

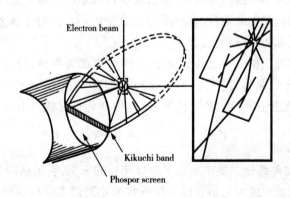

图 6-1　EBSP 形成原理

在电子背散射衍射花样中包含了四个与样品有关的信息：晶体对称性信息，晶体取向信息，晶体完整性信息，晶格常数信息。图 6-2 所示为一张典型的 EBSP 花样。花样上包含若干与不同晶面族对应的菊池带。

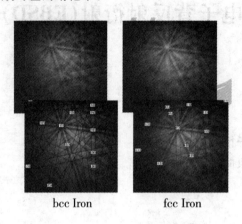

bcc Iron　　　fcc Iron

图 6-2　典型 EBSP 花样

多晶聚合体由许多晶粒组成，但就其晶粒取向分布而言，可分为两种情况：一种是取向分布呈完全无序状态；另一种是取向分布偏离完全无序状态，呈现某种择优分布趋势。晶体具有择优取向的结构状态称为织构。天然和人工合成的多晶聚合体很少是取向分布完全无序的，绝大多数都不同程度地存在着取向织构。金属材料在液固结晶、气相沉积、电解沉积等过程都会形成各种特征的织构。材料在冷加工过程中会形成变形织构，在随后的退火过程中又可形成再结晶织构。织构的形成使材料的物理性能和力学性能表现出各向异性。多数情况下，织构的存在是有害的。金属板材在深冲加工时，由于织构的存在而形成制耳，会浪费材料和工时，也降低产品质量。但在有的情况下，织构的存在却是有利的，在加工变压器硅钢片时，希望晶体的易磁化方向形成强织构，可提高磁性能。可见织构的测定具有重要的实际应用意义。

由于材料的加工处理方式不同，所形的织构类型也不同。织构可分为丝织构和板织构两种类型。

(1)丝织构。这种织构的特征是，大多数晶粒均以某一晶体学方向(uvw)与材料的某个特征外观方向(如拉丝方向或拉丝轴)平行。这种织构在冷拉金属丝中呈现得最典型，因而称为丝织构，又称为纤维织构。

(2)板织构。这种织构以冷轧金属板材中的织构最为典型，故称为板织构。它的特征是，多数晶粒以某一晶体学平面(HKL)与轧面平行或近于平行，某一晶体学方向(uvw)与轧向平行或近于平行。多数情况下，一种冷轧板可能具有主次之别的几种织构同时存在。

2.EBSD 系统组成

EBSD 系统的硬件部分主要功能是 EBSD 花样的采集，它包括探头部分和控制部分。图 6-3 所示为系统硬件组成的示意图。探头将采集到的 EBSD 花样传送到计算软件进行标定，确定晶体的结构及取向。控制部分控制电子束进行逐点扫描或控制样品台移动。EBSD 分析软件不仅负责花样的标定，还集成了大量的分析方法，包括晶粒取向分布图、晶粒尺寸分析、晶界分析、极图分析等。

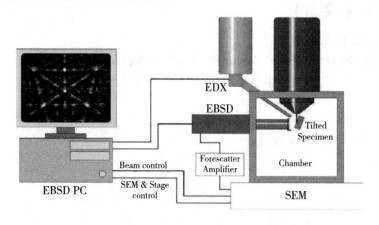

图 6 - 3 　EBSD 系统硬件组成示意图

【实验内容与步骤】

一般来说，EBSD 样品的外观尺寸尽量小，因为样品在扫描电镜的样品室中倾转 70°，要特别小心样品与探头及物镜的碰撞，同时如果样品较大并且在样品台上固定不够稳定，长时间的实验中易产生样品漂移。样品应稳定地固定到样品台上并保持良好的接地。如果要考察样品在特定方向上的性能，如经过轧制、拉伸或压缩的样品等，样品的轧向或受力方向需要与样品台的 X 轴平行。如果样品对特定方向不敏感，只是评价样品的平均尺寸晶界等特征时，样品在样品台上的旋转方式以方便为原则。

本实验以"热处理综合实验"为基础，在对试样有所了解的基础上，进行本实验。

由于衍射电子来于只有几十纳米厚的试样表面，任何表面缺陷，表面污染以及氧化层都会影响电子衍射信号，从而导致 EBSD 花样的质量下降或错误。因而样品对表面的基本要求是平整、清洁，并且无制样过程残留的变形层。对于大多数块状试样，精细的试样制备才能保证获得理想的花样。对于 CVD 技术生长的表面比较平坦的薄膜等无需进行特别的制备。

从热处理试样上切取小试样块，将小试样用 $1200^{\#}$ 水砂纸磨光，再用抛光机对其进行机械抛光处理，去除研磨过程中产生的划痕，直至试样表面光亮如镜。再将机械抛光好的试样进行电解抛光处理。电解液是体积比为 1：11 的高氯酸与乙醇的混合溶液。试样接至稳压电源的正极，不锈钢片做负极，形成电解回路，电压控制在 $40 \sim 50V$，电流密度控制在 $1A/cm^2$。由于电解时会产生大量的热量，试样表面将会产生氧化膜，因而电解液须用液氮冷却，控制在 $-20 \sim -30℃$ 范围内。电解后试样用流水冲洗，再用无水乙醇清洗表面，吹干即可在 SEM 下进行 EBSD 取向测定。为保证结果真实，试验所取步长应为晶粒大小的 $1/7 \sim 1/5$ 即可。

花样采集后，进行初步的数据处理，以获得明晰的晶界形貌为主。同时做出极图、反极图以及 ODF 图。

【实验报告要求】

(1)简述 EBSD 的基本原理。

(2)对所获得的数据进行初步的处理,并对结果进行简单分析。

(3)将 EBSD 所获得的结果与 TEM、SEM 结果进行比较。

参 考 文 献

[1] 林慧国,傅代直. 钢的奥氏体转变曲线. 机械工业出版社. 北京,1988.

[2] 徐光,王巍等. 金属材料 CCT 曲线测定及绘制. 北京：化学工业出版社. 2009.

[3] 牛济泰. 材料和热加工领域的物理模拟技术. 北京：国防工业出版社,2007.

[4] 于程歇. 淬火冷却技术及淬火介质. 沈阳：辽宁科技出版社,2010.

[5] 李书长. 热处理使用淬火介质精选. 北京：化学工业出版社,2009.

[6] 吴晶,纪嘉明,丁红燕. 金属材料实验指导,江苏：江苏大学出版社,2008.

[7] 梁克中. 金相原理与应用. 北京：中国铁道出版社,1983.

[8] 机械工业部机电研究所. 钢铁材料渗氮层金相组织图谱. 北京：机械工业出版社,1986.

[9] 刘国勋. 金属学原理. 北京：冶金工业出版社,1980.

[10] 李松瑞. 金属热处理. 长沙：中南大学出版社,2003.

[11] 上海机械制造工艺研究所. 金相分析技术. 上海：上海科学技术文献出版社,1993.

[12] 李炯辉. 钢铁材料金相图谱. 上海：上海科学技术文献出版社,1981.